义工时代的绿色城市建设

——环境共生城市的现状

［日］进士五十八　著
祝　丹　译

中国建筑工业出版社

图书合同登记：01-2012-0911号

图书在版编目（CIP）数据

义工时代的绿色城市建设——环境共生城市的现状 /（日）进士五十八著. —北京：中国建筑工业出版社，2013.3
ISBN 978-7-112-15207-0

Ⅰ.①义… Ⅱ.①进… Ⅲ.①城市环境－园林设计 Ⅳ.①TU986.2

中国版本图书馆CIP数据核字（2013）第050322号

原书日文版
书　名：ボランティア時代の緑のまちづくり
作　者：進士 五十八
出版社：東京農大出版会
本书中文版由作者進士五十八授权我社独家翻译、出版发行

责任编辑：杜　洁　刘文昕
责任设计：董建平
责任校对：张　颖　刘梦然

义工时代的绿色城市建设
——环境共生城市的现状
［日］进士五十八　著
祝　丹　译
*
中国建筑工业出版社出版、发行（北京西郊百万庄）
各地新华书店、建筑书店经销
华鲁印联（北京）科贸有限公司制版
北京云浩印刷有限责任公司印刷
*
开本：787×1092毫米　1/32　印张：4¼　字数：71千字
2013年7月第一版　2013年7月第一次印刷
定价：**20.00**元
ISBN 978-7-112-15207-0
(23238)

目 录

21世纪是什么样的时代

感性与义工的时代

21世纪被称为“做义工的时代”。美国的托马斯·里克纳曾经说过“人生有三大目标”，他所说的这三大目标见下。

第一，让自己成为不断成熟、充满魅力、与年龄相符的人，也就是能让人正确地判断这个人是否具有那个年龄该具备的条件。经常有人被他人评价为“那么大年纪还做小孩子做的事”，这里所说的成熟就是要成为与年龄相符的大人。大人不是做越来越让人讨厌的大人，而是做充满智慧、富有经验、颇具深度的人。正如陈年佳酿的葡萄酒和白兰地一样，随着年龄的增长会越发有味道、越发有魅力。反言之，也有很多年龄越大越自私、越以自我为中心的不成熟的大人。他们总是认为只有自己是对的、只有自己是努力工作的，别人都不如自己。客观地评价这些人，就是他们总拿那些微不足道的事情来自我满足，这就是不成熟的表现。

第二，有过艰辛的人生历程、让不断成熟起来的自己与他人建立起一种“爱”的关系。“爱”的关系可以把人与人之间的距离拉近，使人们更加友好。参加“绿色义工活动”的人考虑的就不仅仅是自己，而是如何与大家处好关系，处理好人际关系有时也是一种义务。

比如说今天有人想去游玩，可是因为有了绿色义工活动，他们放弃了原来的计划，带着责任和义务来参加活动。活动过后，也许会收获更多的快乐，这就是因为有“爱”的存在，人与人之间的“友爱”与“关怀”是非常重要的。

第三，让自己变得更加成熟、广泛结交朋友，为他人、为社会多做贡献，有一颗为他人服务的公益之心。这样的观点似乎很接近基督教的教义，有可能不易被普通人一下子接受，我就曾经一度不太能接受这样的想法。

记得四十多年前，我还在学生时代，曾经参加过川崎市川崎区的一个义工活动。当时的川崎区是一个几乎没有绿色、到处都是工厂、毫无生机的地方。渡田新町公园是区内一个非常小的街区公园，我们就是去帮助改造这个公园的游乐场。因为这个公园根本没有绿色可言，我们就想如何着手对其进行绿化改造。由于这片公园是填埋地，土壤的质量又非常不好，我们也因此费了不少力气。

当时“蓝天儿童会”的锄柄一儿前辈告诉我们去

榻榻米屋取回一些旧的榻榻米，并把其中的草绳弄碎拌到土壤中，对其进行一些改良。我清晰地记得由于榻榻米的草绳被线紧紧地捆绑在一起，拆起来十分困难。后来，在儿童游乐场做活动的环节中，我们和鹤见女子大学的大学生们一起在公园里举办了年糕大会、人偶剧表演等活动。

记得当时还有一个叫“全国社会福利协会”的组织，我在大学当助教时，就开始和东京都义工中心的朋友们有了交往，还担任了这个中心的运营委员，其他的委员多数都是来自社会福利系统的，他们大多是负责养老院、特养及残疾人设施的工作人员。这些人都是从不同角度为社会做贡献的人。

像我一样在东京这样的大城市成长的人，站出来说“自己要为他人做些贡献”似乎显得有些苍白无趣。可有的人却不这么认为，时任东京义工中心所长的吉泽女士说：“进士先生的有些说法很有道理，不如把这些观点总结总结！”正因为有她的建议，我才动笔写了《义工时代的绿色城市建设》一书。

与其煞有介事、义正词严地宣布自己要做义工了，还不如自然而然、乐在其中，润物细无声地悄悄去做来得实在。《义工时代的绿色城市建设》是在很多朋友们的协助下才得以完成，还记得那时都内的一

21 世纪是

1. 义工的时代：托马斯・里克纳的人生目标

   ①自身的成熟 ②与他人构筑爱的关系 ③对社会的贡献

2. 感性的时代：恢复判断人与物的价值的能力

3. “农”的时代：城市的农村化；自然性与人性的再生与恢复

个职员曾说过这样有意思的话：“在介绍新鲜事物的时候，总是要面对负责人的不安、处长的担心、科长的质疑、同僚的不理解，而不攻克这四大难关是无法前行的。”对于他的话我是非常认同的。那时人们对于“做义工”、“社会贡献”这样的新鲜事物还是持否定态度的，而没有足够的信心和耐心去坚持做一件事情的时候，每向前迈出一步都很艰难。

“社会贡献”听起来有些像在喊口号的感觉，而实际上却完全不是这样。为自己同时也为他人做一些事情一定是互利互惠的行为。人的一生在即将结束的时候，应毫无遗憾地总结出“我的一生没有白过”，这才算实现了社会贡献型的人生。

“绿色城市建设”的目标究竟是什么？我认为并不是单纯地做做绿化而已，绿色只是建设优良城市的一个重要手段。如果把单纯地增加绿色作为目标的话，还不如交给园林公司或干脆去山上栽草种树就好。其实，我们每个人都可以通过与“绿”的交往实现自我价值、结交朋友，进而建设具有地方特色和风景秀丽的城市，这才是最终的目的。

本书将对“风景设计”作详细的介绍。我把本书的标题定为“义工时代的绿色城市建设”，目的是想阐述21世纪是人们建设优美风景的时代，而构筑这样的时代，丰富的感性认识和义工精神必不可少。

感性是指对人和事物价值的感受能力和判断能力，简单地说就像大家今天对于自己周围人的价值的认可。往往越是有能力的人越不愿意认可他人的能力，总是认为自己是最强的，别人都没什么了不起。大家这样想也没有什么可大惊小怪的，因为这是人的本性。大部分人都有一种本性，就是认为自己最了不起，不这样的话可能很难生存下去。但我认为最好在自信满满的同时也认同别人身上的优点。不要嘴上说着让年轻人努力的话，暗地里却拼命地扯年轻人的后腿。我认为不论是对周边的人也好、对年轻人也罢，只要是自己没有的能力和本领，就要认可他人的优点和长处。

对于客观事物价值的认知也是同样的道理，看待不同的事物，能认识到各自不同的价值与可取之处，这是很难能可贵的。

参观了浜松的几个地方，看了佐鸣湖的水和自然环境、浜北的苗圃和森林公园等，让我切身感受到浜松丰富的城市景观。在浜松的种植产地，我看到了犬松（イヌマツ）的种法，感受到了真正的日本文化。英语中所说的 arboriculture 就是日本的“树艺文化”，现在好像中国不少致富后的人都在争相购买这种树木艺术品。

在浜松，我看到了把树木像盆栽一样进行细致修剪的手法，通过这样的手法营造了非常细致的风景。浜松也有更为粗犷和壮观的森林风景。当然介于二者之间的风景也有很多，足以表明各种风景和设计都具有其独特的风格及价值。

听说佐鸣湖的水质不是很好，但水质是可以通过一些手段和办法来改善的。佐鸣湖广阔的水面和秀丽的水上风景的确非常珍贵，如果再把水质问题解决好，岂不更是锦上添花吗？水在景观论中是非常宝贵的资源，纵观世界名园绝对离不开水。虽然日本庭园中的枯山水是用砂子来表现水的存在，但是世界上其他的庭园中没有水的名园似乎不存在。水景不仅能够提升景观所在地的整体价值，更是景观评价体系很重要的组成部分。

如上所述，不同的地域都有各自不同的价值和不同的文化，不论是人文还是地理，对于千差万别、各有千秋的客观世界的认知能力是非常重要的。如果人们缺乏这种认知能力，就一定会流于表面或是走向偏执。比如认为自己的家乡（可能是小城市或是小乡村）没有可取之处而辗转别处，或者看着电视上演的东京就认为大城市是最好的等。而东京有东京的问题，一旦真正置身东京，也许理想和现实之间的距离，会让你产生极大的心理落差。

看看自己脚下的土地，它有其独特的自然与历史、文化与传承，挖掘那些难能可贵的财富，就像感悟不同的人身上有不同的价值一样。

客观事物的价值、人的价值，能够充分认知其价值就是我所说的"感性"。迄今为止，理性一直被放在首位，以理论为基础来判断事物是通常的做法。以上述"水"的话题为例，看到水质指标 BOD 在 4ppm 就判断水质还可以，这种用数字进行分析问题的方法称为理性判断。

用理性进行简单的判断手法有点像小学生，我刚才一直提到希望大家能变成成人，就是希望大家的思维方式要成熟一些。理性的判断是必需的，然而超越理性、以更为广阔的包容力去理解问题才能变成真正的成人。我所说的感性是指人要有会感知和感动的心。看到美丽的鲜花会感动得落泪，听到美妙的音乐会为之动容，对待事物的价值有一个基本的认知能力。相反，当你去听音乐剧的时候，不断在意的是自己穿什么礼服、戴什么珠宝、价钱如何等的时候，你的感性就不起作用了。

我所在的东京农业大学开办了一所名为“50 岁开始认识花与绿”的成人学校。我们常组织大家去参观日本庭园。时常会有一些人的注意力并不在园子上，而是在那里讨论这些山茶花我家也有啊、这样的庭石值 2 万日元啊等，真不知道这些人到底是来欣赏庭园的还是来讨论价格的。就这样，往往事物的价值被金钱所衡量，而在日本这种价值判断标准即将完结的时代总算快要到来了。虽然仅以上面的事例不能完全说明理性与感性的关系，但是我想要强调的是与理性相比感性的时代即将到来。

现代文明的批判·“农”的时代

现代社会的潮流是以“繁忙与追赶”为主流的。楼盖得越高、大型建筑物越多，说明这个城市越现代、越时髦，当这种判断标准成为整个社会的主流时，我称之为“fast 型”（快速型）。

我们常说的“fast food”（快餐）是指点了食品一会儿工夫就能吃到嘴里的饮食，而与之相对的“slow food”（慢餐）是指我们常说的“母亲的味道”，是由妈妈花上 2 个或 3 个小时为我们准备食材并加工成的可口的饭菜。

当今社会大家都在忙，所以凡事都要追求快速和便捷。大家忙着工作、忙着吃饭、忙着做一切事情，这是 20 世纪的特点。正因为如此，20 世纪的工业化得到了长足的发展与进步，然而我个人认为这种发展已经快走到尽头了。当然我并不完全否定工业化发展给人类带来的文明，但是仅仅如此人类将不能很好地生存下去，而且人类多彩的生活也不该仅限于此。

刚才提到在浜北苗圃见到的松树，依据人的喜好而改变其造型，是通过树木来表现"文化"的一个事例，英文称"arboriculture"（即树木文化、树艺）；农艺称"agriculture"，园艺称"horticulture"，水产称"aquaculture"，这些都有"–culture"的后缀。Culture 被翻译成"文化"，但其本意是耕作的意思。根据土地的不同，耕作的方法也有所不同。如砂地较软，就用方锹等大型的工具，而黏土的土质就得使用尖锹。像这样，根据土地的不同，使用的铁锹的形状、把柄的角度及耕种的方法也不相同，这样收获的作物当然也不同。通常黏土适合种水稻，黑土适合种玉米，沙地适合种花生等。风景也是同样，"一方水土养一方人"，不同地域不同场所的耕耘手段不同，我们常说的“文化”也是如此。

与此相对，各处都同化了的被称为“文明”，也就是英语中的civilization，是指“从野蛮中走出”的意思。欧洲人为了让包括日本人在内的亚洲人“从野蛮中走出”而派传教士过来宣传基督教，而一些信徒也本着摆脱野蛮的信念而信仰基督。在明治时期，日本人也经历了所谓“文明开化”地迈向文明的进程，江户时代的日本人也曾被称为“南蛮人”。

总之，所谓的文明就是指那个时代靠近最先进国家的做法。如当今社会，哪个国家的做法更靠近美国就意味着这个国家很文明。持不同见解的大有人在，在他们看来，与历史悠久的波斯相比，美国只能算是一个年轻的国家而已。

代表着日本文化的桂离宫与修学院离宫里有很多古代遗留下来的、非常了不起的建筑物，这些建筑的高度都是在基本水平上，风景是不断向深处展开的，它们不以高度取胜。而古建筑中唯一一座高层建筑就是五重塔，它本来是用于收藏释迦牟尼佛骨（舍利）的地方，并不是为人攀登而建。

我在20多年前曾经写过一篇“高层住宅否定论”的论文，与现代德国对高层住宅持否定的态度一致，因为高层住宅对于人类的生存并不是最合理的方式。

法国的社会学者也曾提到从窗户能够看到树木的高度才是最适合人居的高度。纵观人类的历史，生活在热带雨林的人们曾在树木上造房子，因为猛兽都在树下活动，但是他们也不曾住过高于树木的房子，而高于树木的房子只有神才能居住，巴比伦的高塔是因为触犯了神才倒塌的说法也缘于此。

人到了太高的地方就会产生不安感是源于本能，“恐高症”患者也是因为要本能地保护自己才会有恐高的感觉。高层建筑如果仅用于办公室、夜景美丽的酒店也就罢了，但是抚育小孩子的话也住在高层住宅中是否合适呢？答案应该是否定的。对于小孩来说最好的环境莫过于出门马上就可以接触到土地、绿色和邻居家的小朋友，而当今社会常见的患有“自闭症”的孩子增多的现象也和居住环境不无关联。现代化的工业文明逐渐地把人类与土地分离开来，就连站前高档酒店内的插花都是假的。我认为一流酒店的绿色都应当是真的，欧洲的酒店，即使是家族经营的便宜小旅店，那里的花也都是真的，一枝一枝地装饰着餐桌。没有伪装的绿色，只有摇曳的烛光和温馨的气氛，因为在欧洲荧光灯意味着工作用灯。我理解这就是一种文化，在这一点上我认为日本人的感性认识应该加强。

坐飞机乘新干线是追逐文明的一种表现，大家无非都是在追求一种便利。然而在人类无可非议地获取便利的同时也失去了很多个性化的东西。所有人的生活方式毫无个性可言，无论身在何方看到的都是一样的景物"这是哪里？""我是谁？""什么是活着？""什么是生活？""人是什么？自己是谁？是什么？"等一连串的问题就会产生。

曾经流行"克隆人"的说法，那么谁都可以拥有爱因斯坦般获诺贝尔奖的头脑、谁都可以放弃原来的自己而变成理想中的俊男美女。但是试想如果每个人都变成藤原纪香般的美女，世间是否缺少了很多乐趣。我觉得还是每个人有不同的特征，每个人有每个人的活法才有意思。

无论多文明的大城市，其风景都是一样的。我不希望风景为文明而存在，我希望风景为文化而存在。

作为文明象征的高楼大厦在世界各地都可能采用相同的建法，而以"农的风景""土与石的风景"为基础的文化性风光则是各地都有不同的特点，不同的土地孕育不同的风景。现代的大城市都变成了东京和纽约，所以我认为这和来日本观光人数的减少也不无关联。

以前来日本观光的客人很多，观光产业的外币收入对战后复兴及日本近代化的发展都起到了很大的推动作用。然而今天，日本人出国旅游的人数逐年递增，来日本观光的客人却一年少于一年。数据显示，每年去国外的观光人数多达1700万人，而来日本的观光客人数却只有700万人。这足以表明日本的人气度不断下滑，日本的城市魅力也日益降低。

我们反思一下其原因何在？我认为这是国家与城市的过度文明造成的。东京和大阪变成了和纽约一样的城市，福冈和广岛变成了和东京一样的城市，就这样每一座城市都失去了自己的特征与面貌。请大家注意了，不要让浜松也步这种趋势的后尘。不要以为城市升级为政令市（类似于中国的直辖市——译者注）后，风景也要向政令市看齐，这完全是无稽之谈。政令市就更要有自己的特色，一定要打造出富有自己特色的、丰富多彩且充满魅力的城市景观。

前些天，以东京都知事为首的关东各县的知事及政令市的市长们齐聚一堂，召开了首都圈的高层会议，我作为环境问题的发言人参加了此次会议。会议上，来自千叶信用银行的理事长先生说："若想推进首都圈的观光事业，仅靠一县的努力是远远不够的，需要首都圈自治体全体的努力才行。"我对此观点持完全赞成的态度。

观光是一个非常重要的产业，全球性的观光事业所创造的经济价值可以与一个国家的军事费用相匹敌。不可思议吧！和到处子弹炮弹乱飞相比，观光产业也能创造出同样的价值，可见这个产业有多重要。与其靠军事产业来搞活经济还真不如推进观光产业，因为观光还可以促进人与人的交流。换句话说就是我们要大力提倡“以和平而非战争的方式来实现理想世界”，这是至关重要的。

怎样的观光才能把人吸引来呢？寻找“自己所在的城市或环境所没有的东西”是大多数人出行的动机，若大家都一样了就不存在观光。《易经》中把“观光”解释为“观国家之光”，也就是要看那个国家、那个城市、那片土地上美好的、耀眼之光。简言之，观光是把风景资源经济化的一种产业。“二战”前的日本，有好多值得人们怀念的具有特色的优点与长处，然而现在的日本却与其他发达国家没有什么两样。

我说：“对不起，这样下去的话，谁都不会来。以现状来说，做多少遍宣传活动都是徒劳。客人们来过一次就足够了，谁能再次去一个没有任何特色的、充斥着人工文明的城市呢？若想真的把观光产业搞起来，就需要在座的各位长官把力量投放到观光行政中来。”数日后，此次发言的内容被《日经新闻》刊登在相关的栏目中。

吸引外来的观光客固然重要，然而更为重要的是让当地的居民感受到自己故乡的特色及居住在那里的优越感和自豪感，也就是要创出“地域特色”。浜松要有浜松的特色，这种特色不仅要保留还要强调。如：浜名湖、佐鸣湖及海岸线上的松原林。把名字定为“浜之松原”怎么样？把海岸线上的松林风景保留并强调出来。

在浜松，沿着海岸线有一直绵延持续的松林，这不仅是一道风景，更是三方原台地的防风林。

不同的土地都有不同的历史，在那片土地上生活的人们与大自然斗争，才有了那里的风景。所以，风景也不仅仅是大自然的产物。

英文的“man made landscape”（人创造的风景）是指风景与人和历史相关，是曾在那片土地上居住过的先人们留下的痕迹。风景是由自然因素的地质、地形、植被、水系、地理、气候及人文因素的生产、生活、历史、文化等重叠而成，每片土地更有属于自己的个性，不同地域的人们的生活方式直接反映于风景之中。风景绝非瞬间所能形成，所以当我们面对先祖们留下的风景时，如何把它们留存和孕育得更好是值得我们重视和思考的问题。有关内容我将在后文中详细介绍。

我提出“农”的时代，是因为我把“农”视为一种文化。也正因为它是一种文化，才非常重要。“文明”可以是全世界共通的，然而文化却是因地域不同而有所差异的。而且，并不因为有些地方合并了就失去了那片土地的原貌。如佐久间的个性、天龙的个性不会因为地域合并而消失。

日本有好多地区合并成为一个新的城市，我认为这是一件好事。原来单一颜色现在变成了色彩斑斓的七彩城市难道不好吗？我们应该把原有的、具有浓厚地域特色的东西保留，合并后让这些特色变为城市的多样性，从而提高新城的魅力。希望大家对此有所思考。

如果说一座城市因为变成了政令市，所以风景就要与其他的城市统一起来，那真是一点意思也没有。我们应该去憧憬那些多彩的风景和充满魅力的城市建设。

以前，EU 的迪拉尔委员长曾说过：“与通货相比农业更加重要。因为农业是一种文化……”通货是指金钱，农业是一种文化，与经济相比农业更加重要，就是因为农业是文化。

而文化又是什么？我认为“文化”是居住在那片土地上的人们的一种心灵依托，而这种依托来自这片土地所特有的“identity”（个性）。当亲戚或朋友来时，能够挺起胸膛、满怀自信与骄傲地介绍说：“这是我的家乡”、“我生活的地方是这样的”等，这也是一种 identity（个性）的体现。

人活着不能人云亦云，随波逐流。无论是人生也好，城市建设也罢，缺失了个性都不行。而这一点在我与德国人接触后感触更深。他们哪怕人口只有五六万的小城市，也有值得自己非常骄傲的地方。英国也是如此，他们称之为“pride of place”（来自地方的骄傲），是要建设让自己觉得自豪和骄傲的故乡和城市，可见他们对自己所在的城市有多重视。

但是日本人素来都有一种“谦逊美”，总是谦虚地说道：“不好意思！我家没有什么好看的……”，而德国人或英国人却会说：“我家很好，很漂亮！”他们会觉得拜恩州有拜恩州的优点、汉堡有汉堡的长处，都有能引以为傲的特点。

日本也应这样。如北海道的农村风景、秋田和青森的风景、九州的风景、浜松的风景等，不同的地方都有各自不同的特色，这就是应该成为大家引以为傲的“my place”。我们不要奢求这些地方都被印成明信片，但是我们把身边的美景进行“L.M.N”，就可以将之变为风景资产了。“L”是“Light up”、“M”是“Mean it”、“N”是“Name it”，也就是用光来照亮这些风景、赋予它们含义和为它们起好名字。这种令人骄傲的种子在不同的地域随处可见，经历了漫长的人类历史、一代代的人用辛勤的汗水浇灌而成的农村风景更是如此。

提到农业，也许大家脑海中浮现的仅仅是农业生产的画面，然而“农”的含义是多种多样的，农民、农家、农村、农业、农地、农的文化等。如把门松排列好，把人偶（女儿节时的人形装饰物）装饰上，春天的节日、秋天的节日、收获的节日等，这些都是因“农”而有的节日，日本的文化也是由“农”而来。我希望大家不要忘记这些日本文化的根源。

“与通货相比农业更加重要。因为农业是一种文化……”，请大家记住这句话，同时也记住我讲的这些道理。

应对全球变暖及保护环境的时代

虽然有些烦琐，但请大家仔细看下图。这张图揭

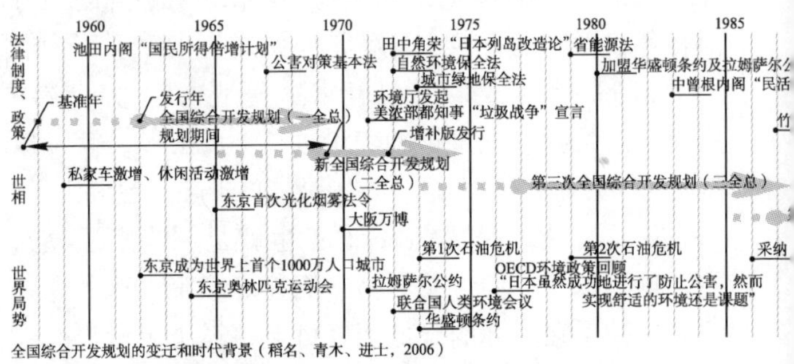

全国综合开发规划的变迁和时代背景（稻名、青木、进士，2006）

参考文献：（2000)Imidas2000、集英社/神田文人编（1986）、昭和史年表、小学馆/山路健（2001）、明治·大正·昭

示了日本从战后复兴到一跃成为世界第二位的经济大国的过程，通过“全国综合开发规划”（第一次到第五次），揭示了经济与时代变迁的关系，里面最值得关注的是环境一栏。当开发时代画上休止符后，从2005年开始，日本进入了“国土形成规划法”的时代，也就是环境的时代。

在这100年间，地球上的人口约增加了4倍。由于这4倍人口的活动、繁忙工作的结果，经济规模扩大了近20倍。伴随着这样的活动，消耗的能量也增加了约25倍。

试想，增加的4倍人口却需要增加25倍的能量来支撑，人类社会将会做怎样的改变，大量浪费能源的浪费型世界必然随之产生。

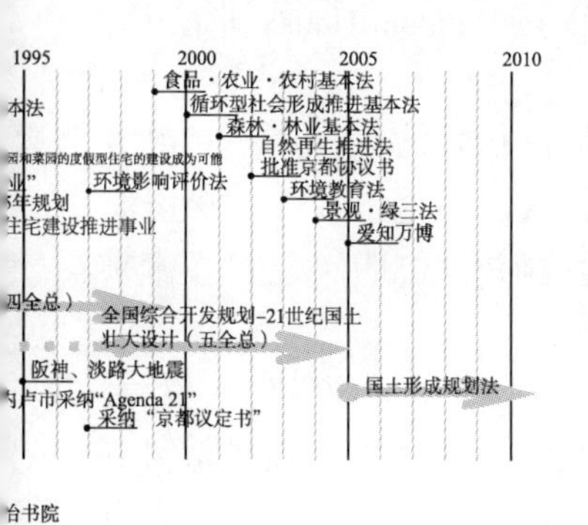

只要建了超高层的大楼，就要有电梯或滚梯把人、水及物品、瓦斯、货物等运上去。与人在水平方向移动相比，垂直移动的话要多消耗5倍的能量。就这样，人类在建造非常方便的城市的同时，也因为地价的过度上涨而产生诸多城市问题，如全球变暖和交通堵塞等。为了缓解交通堵塞，人们开始向地下进行深度开发来扩建道路，这样会消耗更多的能源。像韩国的首尔，就是高层住宅之下的交通堵塞的典型城市。人类自己建造了日益强大的高度化、高密化的文明城市。这样的城市虽然很美观、很便捷，但是失去的东西也不少。其中，最大的问题就是地球的环境问题：臭氧层的破坏、地球温室效应、酸雨、热带雨林的减少、沙漠化、发展中国家的公害问题、野生生物种类的减少、海洋污染、有害废弃物的越境移动等，而当今最受关注的是生物多样性及地球变暖的问题。请大家务必读读艾伯特·阿诺·戈尔（Albert Arnold “Al” Gore，Jr.）的《难以忽视的真相》（An Inconvenient Truth）（Random House 讲谈社，2007）。

地球变暖的解决方法有很多，最近人们尝试的方法是用高压把二氧化碳打入深层地下或沉入深层海底，有这方面专业特长的技师们总想用自己的技术来解决这些问题。

但是，我们还是需要追溯一下问题发生的根源，这样就会总结出解决该问题的最佳途径，就是植树造林。为什么这么说，我们看看地球上包括石油、煤炭等在内的能源就知道了，这些二氧化碳的来源均为树木及木材。假设森林全部倒塌，埋在地下的木材经过漫长的岁月，固态的变为煤炭，液态的则变为石油。这些能源燃烧后会产生能量并创造出很多价值，我们可以再次利用这些能量和价值于绿化及通过光合作用等手段在进行的森林培育上面，这样的话这些能源就会以木材的形式被保留下来。

我认为应对地球变暖等环境问题的“王道中的王道”就是确保绿地面积、增加森林覆盖率、让能源以木材的形式保存下来。如果砍伐树木后进行燃烧，势必会产生很多 CO_2，所以要尽量以原木的形式保存，或者最简单的方法就是多建造一些木质的建筑物。那些原木生产的建筑及家具会让人有一种莫名的安心感，而且这种保留能源的方式也是最有效的节能减排的方法。与技术相比，世界各国应该更重视这种“王道”。目前，相关部门也在不断讨论有关地球整体收取森林税及 CO_2 排放税等问题，而广大市民也应理解这类问题的硬件、软件两方面的条件，并为此付出自己的实践与行动。

共生的时代·三种共生

为了攻克环境危机，人类将何去何从？我认为必须实现三种共生。以下就是我想向大家介绍的三种共生。

第一是“与自然共生”，也就是与生物共生。这里所说的自然是指生物界的自然，活着的东西。无论是树木、花草，它们都是有生命的东西，人类应该与之建立起更为亲密、更为良好的关系。

第二是“与资源、能源及生产活动共生”，也是对“人类该如何生活”这一疑问的解答。石油、煤炭、塑料的大量使用而引发的“环境荷尔蒙”（也称“环境内分泌干扰物”，Environmental Endocrine Disruptors）问题日益深刻，减少原料（reduce）、重新利用（reuse）和物品回收（recycle）的“3R”是我所推荐的解决方式。我现在积极地在孩子们中间进行这样的环保教育，而对于环保问题我们不能用过于精细、过于狭隘的视野来看待。

比如说，努力指导孩子参与回收再利用活动的母亲，为了提高铝罐的回收率，把丈夫原本一天喝一罐啤酒的习惯改为一天 2 罐，这样做就变成了由数量来追求回收率的表面功夫了，失去了活动本身的意义。而面临人类生存的各种环境问题，生活中出现类似上述笑话的事例并不少见。有的孩子为了收集纸质牛奶盒使之再利用，本来不太喜欢喝牛奶的家庭也特意去买来盒装牛奶拿到学校充数。通过以上的事例，我们

《环境市民与城市建设》(共三卷，2002、2003年由行政出版社出版发行)
该书收录了由市民们自发收集、总结的三种共生，是关注环境、愿意为环境贡献力量的市民们的入门书

要懂得广义上的环保的概念，不要太狭隘地去理解和僵化地去做。

第三点是“与地域共生”，是指市中心与郊外、城市与农村、大城市与地方、发达国家与发展中国家，这些不同地域能够互相扶持、共同生存与发展。虽然这个观点还不能被普遍认同，但至少我是持有这种主张的。

以上就是我所说的三种共生，下面我就通过一些具体的事例来诠释一下其本质的含义。

我所提倡的第一点“与自然共生”是要实现“绿化率达到50%”，构建一座与“自然共生城市”的生态城市为目标。

第二点所说的“环境共生”是指生产结构要以净化环境、减少污染为生产目标。如人类所患的疼痛症及水俣病等都是在进行工业生产时把化学产品及农药等污染物扔进大海所引起的。为了省下处理这些废物的钱而将其随便丢弃，造成了海水的污染。人类为了生存不可避免地要生产，而生产所产生的废品、废物一定要经过净化处理才可以排掉，否则将会给环境造成巨大的负担和污染。我们把废弃物的回收与净化方法叫做“Clear Product”。

前面所提到的生态城市也就是要营建充满绿色的城市，更精确的说法是要建设“绿与水循环的城市”。天上下的雨渗到地下成为地下水，通过灌溉森林，再降水流到河川、流到海洋，这是一种自然界的循环，而资源和能源的循环也是成为生态城市的重要条件。

最近把城市与农村之间的交流称为“对流”，而农林省对于对流的解释却是一种“人”与“物”的互相往来的关系。

由我编辑出版的《环境市民与城市建设》一书共有三卷（第一卷于2002年出版，第二、三卷于2003

年出版，由行政刊发行）。

书的封面由我学习漫画专业的女儿完成，她把自己的作品通过切割组合的方式表现了书中的内容，也就是包含了上述三种共生。“自然共生篇”封面是动物、植物和人和谐共处的画面；“环境共生篇”的封面是由发电站、高压电线、冒烟的工厂、住宅及高楼构成，也代表了太阳、雨、资源与能源的一种循环；“地域共生篇”的封面上，上面是由高层楼房代表的大城市，下面是由农田代表的农村风景，而城市和农村现在是上下分开的状态，书中希望二者能够互相融合、达到共生。

我为《环境市民与城市建设》的书名赋予的含义是：地球要进入以环境为主的时代，而人类也应该加强这方面的意识来改变自己的生活方式。

我任职的东京农业大学是明治二十四年（1891年）由榎本武扬创立的学校，榎本武扬因其能力强而担任了明治政府的通信、外交及文化部的部长等职。100年前，在榎本担任农商部部长时，发生了枥木县足尾铜山的矿物中毒事件。众所周知，当时田中正造向国会反映了这个问题，并积极商讨如何让问题制造者——古河矿业来赔偿相关的损失。这也成为日本社会最初的公害问题，而时任农商部部长的榎本如何处理这个事件也成为关注的焦点。

榎本留学于荷兰，他是满载着知识学成而归的。他擅长理科，回国后积极促成了日本气象台和气象学会的建设，他尊重科学，重视以事实为基础的调查。在那个富国强兵的年代，对于国家来说，铜作为生产炮弹的重要原料十分重要。但是榎本积极主张对其进行科学的调查，并且任命后来成为东京农业大学初任校长的横井时敬先生和后来出任东京大学总长的古在先生协助调查。调查的结果表明，由于铜在精炼过程中有毒素产生，正是这种矿毒造成了足尾的农业被污染、毒害，而古河财阀必须对此采取相应的措施，以防止公害继续发生。

我以前曾经在直升机上看到过足尾的山脉，只有那里的山到现在为止还没有绿色，是光秃秃的灰白色。像这样经过百余年植物还没有复活，的确是活生生的、令人惊恐的事例。可见公害造成的后果有多严重。

在这里虽然谈到私人的感想，但当我被任命为东京农业大学的校长时，我觉得是一种命运的安排。因为农大的创建者和初任校长都曾为环境问题贡献过自己的力量，这难道仅仅是偶然么？加之我本身是学习环境专业出身，在这个领域多少有些自信，于是在我就任第十代校长期间，我以创建“以环境研究为目标的综合型的东京农业大学”为奋斗的动力，并不断地朝着这个目标努力着。

我认为在当今社会，东京农业大学创建者们的梦想能够被沿用下来，于是我首先申请了“环境学生”的登记商标，并且以最快的速度获取了ISO14001的认证。现在，我校的学生把垃圾进行十余种的分类，而且对试验废液也进行十分认真的处理，并且从有机农业到生态料理等领域进行了广泛的尝试。另外，合并后的地区所面临的一个重要行政课题就是海岸和森林等多样地域的融合问题，这也正是“地域共生”问题。如都心部（东京都的中心部）与郊外或山林地带的关系、上游与下游的关系等。现在日本一个流行的说法是“森林是海洋的恋人”，表明位于下游地区及渔民们倡导保护上游森林的决心。

农大吸收了很多来自发展中国家的留学生，在籍的留学生来自24个国家，约300名。和当初的榎本留学于荷兰一样，很多日本人在国外留学并受到那些国家的多方关照，现在留学生来到日本，我们也应该好好地关照他们，并且从他们身上学习自己不知道的知识。

让我感慨的是，这些来自国外的留学生们学习非常认真，尤其在表彰成绩优秀的学生时，居然留学生的人数要超过日本的学生。在造园学的研究室里，有来自中国和墨西哥的留学生，他们都在做非常好的研究，并写出非常棒的论文。由于这些留学生的存在，日本的学生应该也是受到了相应的鼓舞。就这样，相互学习相互促进，我想这也是一种“地域共生”吧。

虽然我们住在城市，我们也会找时间去农村参加一些割草、剪枝、伐木等工作。从农民的角度来看，也许是认为来了一群干扰他们的人，但如果能够相互接受相互理解，这也是一种非常好的共生。所以我认为我们虽然工作效率低一点，但是希望山中的人们能够接受城市来的人，相反，城市的人也要多少为山中的人们作些贡献，如捐赠一些物品等，这些行为可以作为解除日常都市繁忙生活中烦恼的手段，也可以体现自己的价值而获得成就感。

我要介绍一下最近我参与的一个非常好的项目，就是由今井隆先生、田濑理夫等造园家发起的“Queen’s Meadow Country House——远野的皇后马厩住宅 / 马匹 100 头项目”。

在以“远野的故事”而闻名的岩手县远野市附马牛町，人们边在牧场上放牧养马、边对牧场进行二次自然保护的做法非常值得借鉴。这种集乡村生活、饲

远野的皇后马厩住宅（由今井隆、田濑理夫等负责的项目）

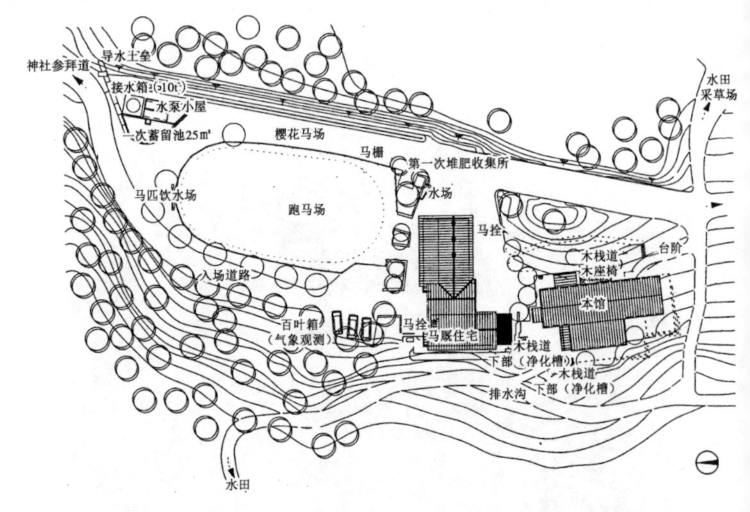

马厩住宅、本馆，以小牧场为中心，周边有水田、采草场等

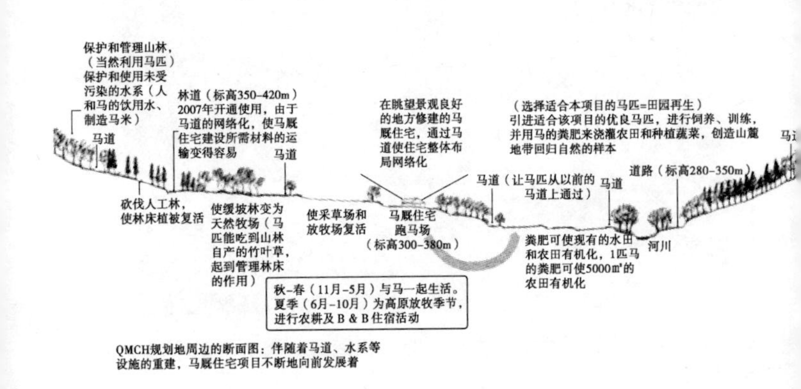

QMCH规划地周边的断面图：伴随着马道、水系等设施的重建，马厩住宅项目不断地向前发展着

养马匹、马术游戏、马粪有机农业于一体的做法开拓了生态型的生活方式，可以说是一种非常现代的马厩住宅模式。

佛教用语中将与对方和谐共存称为“共生”、“共同生存”。“共生”这种说法有着更为广泛的意义，希望大家能够理解这种深意。

夫妇共生是指男人利用男人的长处，女人发挥女人特长，夫妻两个相互扶持、友好相处，是一种“共同生存”的关系。

共生在生物学用语中叫作“symbiosis”，是两种事物互相取长补短的关系；如果仅是利用一方的长处生存的话叫作寄生“parasite”，我们常常听到“寄生”是孤儿的一种生存状态。

在环境规划领域内很早就提出“共生”思想的是建筑家黑川纪章。我认为城市与农村、城与山、上游与下游、现代与传统等不同情形的共生，要用不同的方式来对待，人类要开始一种全新的共生关系。

未来的生活模式——“绿地生活”

平衡多样的绿色生活

人类的未来生活是一种什么样的图景，生活方式又将是怎样的呢？我在这里所要提倡的是一种叫作“绿地生活”的生活方式。我把世上的绿色分为三种，并向大家提出建议，要将这三种绿色在生活中进行等分，并寻找其相互的平衡。

如果把绿色按照自然界的大小规模来划分的话，可分为大自然、中自然和小自然。大自然是像山林及国家公园那样规模的；中自然是城市中的街心花园或城市公园；小自然是家中的绿色，指在公寓中的阳台园艺或盆栽。也可更为贴切地将绿色比喻为野生动物、家畜和宠物的关系。人们对绿色的关注是很平常不过的事情，就像对于野生动物、家畜或宠物，人们总会关心其中的某一项一样。

比如说喜欢花的人关心趣味园艺；关心城市绿化运动的人对公园和屋顶绿化感兴趣；喜欢山的男人对国家公园感兴趣等。但我认为三种绿都分别有各自不同的特征，希望大家能够平等地享受这些绿色，享受它们带给人类的恩惠。

三种绿色不同的特性可以分别总结成生命性、情绪性和安定性。

我们在1970年对绿的种类进行了划分，并进行了影响人们心理的因素的调查，以上这三点就是这项研究的简单说明。

即使一点小小的绿色也会带给我们无限的生命感。例如我们在某小学的小花盆中播上种子，看着它发芽、长出叶子、开出花朵……整个过程让小学生们感受了一个完整的绿色生命过程。

人与“三绿”的和谐相处

大自然	中自然	小自然
野生动物的绿色	家畜的绿色	宠物的绿色
山林 / 国家公园	花园 / 城市公园	阳台园艺 / 盆栽
安定性	情绪性	生命性

虽然是个小小的种子，如果你给它浇水，它就能开出美丽的花朵。同时，看它早上还开着美丽的花朵、晚上却谢了，三天后变成了花壳，直到完全枯萎凋谢。通过这种观察感受到花的生命如此短暂，进而体验到生命的神秘感和不可测感。这些现象看到大山虽然感受不到，然而眼前的小植物却可以带给我们如此鲜活的生命感受。

城市中的绿色最重要的是其情绪性，还有季节感。比如正值红叶绚烂的季节，让人们不觉感慨：啊！秋天到了，快落叶了，日渐寒冷的冬天也就不远了。遍布城市中的钢筋、混凝土、沥青、玻璃、铁、铝、塑料等新建材都是极端无机的东西，它们不能够给我们带来任何季节变换的感觉，所以我们要通过有季节变换的东西来提醒我们人类生活的节奏。这些节奏也被称为生态节奏（bio-rhythm），生态节奏是人类生命的节奏，春有百花秋望月，夏有凉风冬飘雪，四季变幻交错，这是一种生命的节奏，是万物充满生机的条件。

一年当中，夏天会让人有发呆的想法，而与常夏的国家相比，向北国走的话会赶上大雪，北国的人们受到这种严寒的历练而变得坚强。所以我不是很赞成在北国修建太多地下通道及棚架设施，因为天气再严寒，踏出家门的一瞬间感受到寒风袭来而打个寒战，这才是最自然的，是人正常生长所需要的。

情绪性中的情绪在英文中叫作 emotion，被诠释为“心情”二字。季节的变化、时间的变化、环境的变化，与之相伴的氛围的变化，给我们人类带来情感的变化。

最后是安定性。也就是相对稳定的构造和不变的事物。每个人都希望背后有个依靠从而获得相对稳定的坐姿。试想若把背后的依靠拿走会怎样？一定会忽然倒下，所以正是因为有了靠背我们才能坐得如此稳当。

按照常规来看，城市应该背靠大山，山上森林茂盛，像城市巨大的绿色屏障。如果山林被无故砍伐，原本令人安心和舒适的绿色背景消失了，会让人感到十分不安。为了健康的生态环境，山脉和绿色不可或缺。日本的国土有70%为森林，这也是让日本国有安定感的原因。

我一直在从事“green minimum（绿色的最小值）”方面的研究。通过研究发现，房间中若能保证有10%以下的绿色，哪怕是盆栽植物或是花卉都会让人感受到绿色盎然的氛围；若是在更为狭窄的茶室，在床上放置一枝花就足矣了；但是若是在户外的话，由于人们每天平均在四周为300m左右的范围内活动，那么至少需要50%的绿色才好。这也是水能更好地循环及生物更好生存所必需的自然面率。注：自然面率（%）=[（树木·树林+水面+草地等的面积）/地域面积]×100

研究结果还表明，土壤、绿化和水的面积至少应占一个城市总面积的一半。这样降雨后一半的降水会渗入地下，水分蒸发后会使气温降低，从而达到避免热岛效应发生的作用，水渗入地下，补充地下水资源的同时，也可避免城市洪水泛滥。

现代城市的各个角落都被沥青覆盖，所以一下大雨就会洪水成灾，这也充分印证保护大自然的重要。日本国土的70%为自然森林，因此环境相对稳定，而我们当今的课题就是在城市中如何确保50%的自然面而保证城市生态环境的安定性。

我们知道“比热”这个词，像混凝土或是铁之类的东西受热后若遇冷会骤然冷却，我们说其比热小。人类也是一样，有气量小易怒的和气量大容易包容的两种人。比热大的地面会慢慢吸收冷或热，如大面积的森林和山脉、海洋和湖泊，不会使气候骤然变化。所以我们生存的环境中一定要有水和绿。

大自然给我们带来安全感，就像父亲；而多情的中自然就像母亲；活泼的富有生机的小自然则像孩子一样。父亲虽然话语不多却给我们以强大的依赖感，与感情丰富的母亲形成绝配的平衡关系。而遗憾的是，这种家庭关系式的自然组合正渐渐离我们远去。

另外，我想告诫那些常把“我每天都去阳台上做园艺，绿色已经足够多了”放在嘴边的人们，仅仅这样做是不够的。

W. Gropius（沃尔特·格罗皮乌斯）先生曾说“与

绿色接触，全看周末的心情如何可不行”，这是他留下的经典名言。

绿色在我们生活中应该是随处可见，随时可以接触的。无论在我们的城市中也好，山林中也罢，总之绿色对于我们来说非常重要。不同的绿色赋予我们不同的感受，带给我们不同的意义。

城市居民与“绿色及农”的多面关系

我们把目光放在国土面积的大小与绿色的关系上来看一下。

首先，我们把人类活动的范围按照不同的地域与场所划分为城市中心、郊外、田园、山村等。而仅在城市中心我们就可以列举出如下的与绿色相关的活动与场所：看护中心、香草园、“水桶”稻田园、屋顶田园、慢食（slow food）餐饮店、动物疗养园、学校农园、农业公园、市民农园、无人加油站、采摘园、园艺疗养园、带菜园的住宅、观光果树园、里山保全活动、green-tourism（农村生活体验）、田园居住、农村生活、稻田学校、地产自销（自给自足）、梯田保全活动、多自然居住、eco-tourism（生态体验旅行）等。其他的如绿色探险、tree climbing（爬树体验活动）、公园爱护会活动、水边乐校、大地艺术节、生态艺术、森林学校、炭烧体验等内容，在这里真是数之不尽。为此，我们还出版了一系列丛书，如《我们推荐的生物绿地活动》（进士、一场等，NPO环境管理入门/风土社，2000）、《环境市民与城市建设》（全三卷/ぎょうせい，2002–2003）。这些书是让人们了解21世纪是环境的世纪，而适应新世纪的“绿地生活”是一种新的生活方式。

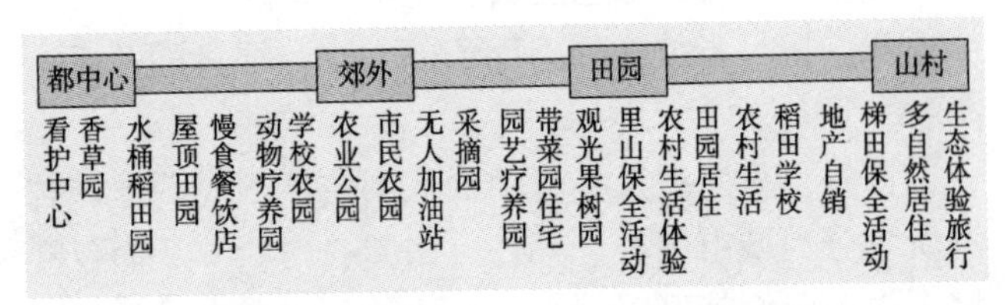

与城市居民的“绿”、“农”的多面关系

合并后的大浜松更是所有的活动都要在这个大城市开展，从城市、田园到山村和海洋，多样的活动都被融合在一个城市之中。就像“人间”这个词汇，是指人与人之间构筑的一种社会关系，人们活在其中。一个人是不能生存的，人类是靠着与他人的交往才把自己的世界扩大，而交往的人越多我们的世界也就越大，人生也就越丰富多彩。但是，人与人的交往是需要机遇的，我们不行动起来，什么都不做的话，这种机遇永远不会来。有可能的话，就要为他人做点什么：如保护自然的活动、城市的美化及绿化活动都可以，那种生活方式我们一定要憧憬一下。但是遗憾的是，越是在大城市越是难以实现。

在不同地域生活的人们，一定要思考“我所居住的城市”“我所生活的村庄”该以什么方式存在？该构筑哪种生活方式？不应该只是按照喜好来划分这样的场所，而是应该把各种可开发的地方变成舞台。

21世纪的关键词是人类与“农”的关系的修复。为此，我把市民、农民与“农”的关系作了如下整理。

请先看一下图。非常努力在经营的、专业性很强的农家叫“精农”；与此相对，为了抚养孩子和为孩子创造好的环境生活为目的的生活方式叫“乐农”；在学校中为孩子们创造学习农业的机会和条件叫“学农”。

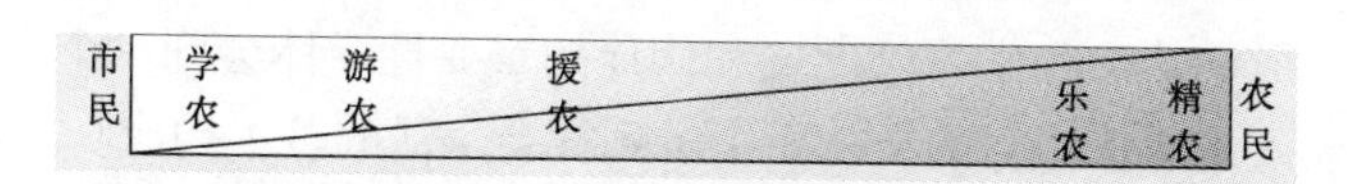

与市民·农民的“农”的多阶段的关系

当今，“教育再生”已经是一个普遍在使用的口号。在这种情况下，对于孩子们来说，“体验”则是非常重要的事情。我最关心的也是如何能让孩子们获得农业体验的机会，农业和林业都可以。农业体验可以让孩子们感受到生物的成长过程，而且让他们体会到生命与事物的延续性，这是至关重要的。

我接受委托担任了日本野外教育学会会长一职，更加意识到应该为孩子们创造多去户外宿营的机会。在美国，孩子们从很小的时候就开始把野外宿营当做一件普通事情来对待，无论是在家、在学校、在孩童期或是成人后。在此过程中，培养孩子们的"frontier spirit"（开拓精神）及"爱护自然精神"。与外国人相比，日本人基本不去宿营，也许是气候或是宿营场所少的原因，也或许是只把宿营当做一种娱乐方式而已。我却认为，在当今的教育体系中，应当把宿营当做一项重要的内容来对待。比如说，在宿营的时候，需要搭建帐篷，而仅靠一个人的力量帐篷是搭不起来的，必须有朋友的配合。这个时候，孩子们就会在无形中体会和学习到朋友和伙伴的重要性，体会到一个人是无法生存的，从而了解到社会生活的基本构成。

现在的孩子们有种错觉，认为只要有钱，一个人也可以生活。肚子饿了，去快餐店买点什么充饥就好，只要有钱就什么都能买到，衣食住行上的问题都可以解决。然而，他们不明白的恰恰是最重要的，就是一切要靠自己的双手来创造。我们如果不给孩子们纠正这些错误的想法，将来孩子们在生存能力方面就一定会出现问题。

我也曾接受委托担任世田谷区教育委员会委员一职，在参加完区里中学生评议会后更是有很多感触。中学生的学生会代表由20名左右的学生组成，而这些孩子都在读私塾（私立补习班），每周去3～4次的孩子居多。他们认为学校是和朋友们玩和吃饭的场所，而不用把太多心思放在学习上，因为学习是要去私塾学的。也就是交了钱就可以去私塾解决学习上的问题，私塾的老师也会耐心地、通俗易懂地传授知识。像这样，抱着玩的目的汇集到一起的孩子们让公立学校的老师们如何能做好呢？教授学生们不懂的知识和道理的老师才能得到敬重，而让学生们尊重那些教不了什么东西的老师不是很难的事情么？在学生们的眼里，学校的老师们变成了仅会说教的人。这样下去，公立学校的老师们将会面临越来越尴尬的局面。

教师们因为教授学生们知识，才构筑起“教与被教”的关系，然而当今的社会，这种关系在渐渐瓦解。正如我刚才举的例子一样，肚子饿了就去快餐店，想学习了就去找私塾的老师，这样的话，公立学校老师的立场就没有了。

总体来说，把现代的孩子们教化坏了的就是一种

"金钱万能"的价值观念，这是社会造成的，也是生活方式造成的。

即使是有钱也无济于事的教育莫过于宿营体验、自然体验、农村体验和长期体验。去山中的宿营场一个月，哪怕只去一周也可以，就会让孩子们体会到尽管有钱也不可能解决一切事情，有好朋友、互相帮助才能更好地生存下去。距离"教育再生之路"最近的方法是让孩子们过宿营生活，还有就是在全国所有的中小学都设置稻田或农田，让农业体验成为必修课。

最近，孩子们中间出现了讨厌理科学习的怪现象，我认为可以通过农业体验来增强孩子们对理科的兴趣。比如说为什么一棵小小的种子会发芽？为什么花开了就会结果？孩子们一定会对这些自然现象充满好奇，要通过体验让他们感受知识的奥秘。

如果把孩子们亲身体验的机会都剥夺了，只是通过放录像等生硬的教育方式来让他们了解的话，是解决不了什么实际问题的。这种和实践脱节的教育，尽管学生们也能够获得一定的知识，然而一到了现实里就什么都不会了。对于自己有过体验的事物可以做出判断，然而仅凭借书本知识，很难对事物作出准确判断，"一切源于体验"。所以，请教育相关人员呼吁：在学校要给学生提供可以参加农业体验的场所。美国

有“农”的城市生活　　　　农之成城

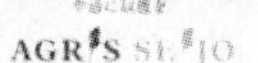

东京世田谷区的“农之成城”是在小田急线人工开设的屋顶农园（2007）。136000 日元 / 年 6m²，高级会员 525000 日元 / 年 6m²

的景观之父——奥姆斯特德让自己的孩子们一定要参加学校农园体验，可见其有多重要。

生活在钢筋水泥丛林的城市中的人们，远离大自然，他们也向往有“农”的生活。而这种“农”不是工作，而是一种消遣，我称之为“游农”——把“农”当做一种游戏。传统观念认为，农业生产是一种艰苦的劳作，而现在，人们的想法却要改变了。若是为了吃饭而进行的农作劳动是很辛苦的体力劳动，但是作为玩耍，也就是“消遣性工作”的话，农业体验变成了交朋友和轻量户外运动的一项内容，既是为了娱乐，也是为了健康，那么就不是一种辛苦的劳动了。因为可以乐在其中，现代大城市中开始出现与“游农”相关的俱乐部及沙龙，差不多变成了一种商业行为。

花卉、绿色与大众绿地生活

因受邀担任 NPO 法人日本园艺福祉普及协会的理事长，我还非常提倡“园艺福祉”运动。园艺是种花种菜，福祉是幸福或者说使人变得幸福。试想在太阳下，与好朋友们边流着汗水边培育着鲜花、蔬菜等，该是何等幸福之事，也就是我常说的“经济福祉转化为环境福祉”。

依“个人的爱好而种花种菜”是好事情，因为花多了就会变成“庭”，庭又把自然要素巧妙地组合，进而把空间打造得如画般美好。我们常说的 Gardening 就是创造风景，个人的庭院向公众开放称之为 Open Garden。如果我家的庭园成为风景的一部分，左邻右舍也都像我家一样把自家的院子打造成有花有菜的 Open Garden，那么整个风景就有连贯性了，就可称为 Garden City 了。

虽然喜欢花草是个人的爱好，然而建设一座美丽的城市确实是大家获益，这样的过程也是个人行为向社会化行为转换的一个过程。以个人的兴趣爱好为出发点，却成了城市建设的一个重要环节，还可以结交好友并产生一些附带效应，何乐而不为呢？当你种上漂亮的花，一定会有人问：“那个花叫什么名字啊？”而回答这个提问的过程就是结交朋友的过程。现在，有好多人住在大城市中，然而真正的朋友却没有几个。如果能以种花为契机，大家成了好朋友、互相交流心得，这是多美好的事啊。

建了庭园也交了朋友，把自己种的园子展示给朋友们看看，这种做法就是英国 Open Garden 形成的初衷。而且最开始的 Open Garden 可以收取一点点费用，入园费作为当时护士们的退休金，想了解这种做法的原委，恐怕要追溯其发源地——英国。

在英国有一个叫作“NGS”（National Garden Scheme：国家花园系统）的公益机构，该机构倡导人们在展示自己庭园的时候，拿出茶来招待客人，同时可以收取一定费用，并倡议把收来的这些钱用于当时没有退休金的护士们身上，这才是真正 Open Garden 的由来。虽然日本没有必要照搬这样的做法，但是却有必要了解其发祥原委，尤其是其公益慈善的精神。我认为很多事情虽然是以兴趣爱好为基础开始的，但是不一定要以之结束，还要想想能为社会做点什么为好。

还有，把生态、自然再生、野生恢复、有机农业、无农药、减农药等很多项目先列举在图上，渐渐地就把仅仅是兴趣的园艺发展为园艺福祉。从了解社会、了解健康、了解有机农药和无机农药的区别等，进而也会从中了解地球温室效应产生的原因。

迄今为止，很多环境问题都有相关专家以专题的方式去讨论，如反对废气排放的运动只是针对废气排放，对其他的环境问题不闻不问，这样的现象很多。我认为身处 21 世纪环境下的居民不应该是这种传统模式，而应做到举一反三。例如从喜欢花发展为喜欢庭，从喜欢庭发展为参与城市建设；结交了好朋友、获得了身心的健康，并逐渐与 Open Garden 及食品安全问题相连接。这样一来，人们就能健康地生活，地

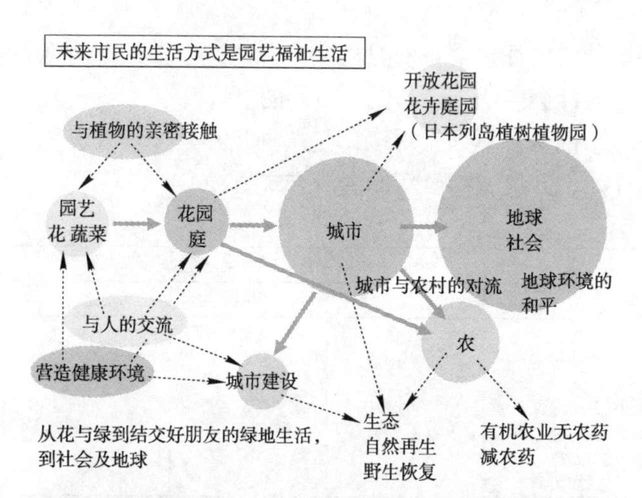

从兴趣出发到结交朋友，然后链接社会、链接地域、链接地球，放眼世界。（社）日本植木协会的会员企业，把苗圃向市民公开建设全国网络型的“日本列岛植树植物园”。在业界成为社会贡献的典型。网站（hp）：http://www.open-nursery

东海市的 Open Garden 的朋友们（全国花之会）

域性的特征也会被彰显出来。总之，把知识变为常识并向社会广泛传播是尤为重要的事情。

说得多不如做得多，先从种花开始、从农业体验开始，开启我们全新的生活方式吧。

绿色类型	说明绿色心理效果的基本因子		
	有机性	情绪性	安定性
A 自然	◦	◯	◯
B 观叶植物	◯	◦	◯
C 庭之绿	◯	◦	○
D 公园之绿	○	◯	○
E 森与林之绿	◯	○	◯
F 山之绿	○	○	◯
G 自然风景	◯	○	◯

绿色的功能和特质

绿色的英文是 green，雅利安语为 ghra，是生长及有生命的意思，因此绿色象征生命。但是，绿色的油漆、绿色的紧急逃生灯、廉价酒店中摆放的虚假的绿色观叶植物都没有这个象征意义，因为它们没有生命。

在所有生命中，绿色最为重要。

绿色的种类有很多。如果把一棵棵单株的植物成片种植的话就变成了植被（vegetation），而松原、杂木林等则是植物群落，我们也可以称为“植物社会”。

绿的功能体系

人类和绿色的维数关系	分类	
	中分类	小分类
1 次效用		与绿色接触的功能 探究绿色与人类的本质关系的功能及效果——比 2 次、3 次效果及功能更高层次的是超人类的、精神方面的存在
2 次效用		环境保护（野生鸟兽保护）功能 保健、休养功能 学术教化功能 作为交流基础而存在的功能 （……风土的功能） 支援人类生产与生活的功能 （……资源的功能）
3 次效用	物理效果	防尘功能 防声功能 遮光功能 防风功能 防火功能 防雪功能 日照调节功能 防止水土流失及塌方功能 涵养水源的功能
	生物、化学效果	吸尘功能 温度调节功能 湿度调节功能 保持氧气收支平衡功能 环境指标功能
	心理效果	美化功能 修景功能 安息功能 审美功能

（进士五十八“有关居住环境绿色最小值的相关研究”造园杂志 38 卷 4 号、日本造园学会、1975 年 3 月、p16–31）

与人类社会一样，植物之间也需要相互扶持。想了解植物也有很多方法和途径，去植物园，可以了解植物的形态或名称；按照植物社会的分类法来认知斜坡林、防风林及里山林等。从字面上看，有木、林、森、山等很多种绿色，然而作为整体来看必须以生态学的角度去观察，“仅看树木不见森林”一定行不通。生态学考虑的是整体性及有机的关联性：如那里有没有地下水涌出来？土质如何？昆虫及鸟类是否会来栖息？是把环境作为一个整体来看待的。

“绿色”总结起来就是：①生命的象征；②一种植物；③一个植物群族；④与水、土、昆虫、野鸟等一体化的、有关联性的生态系及生态系统；⑤具有城市规划意义的绿地空间；⑥国土；⑦地球……，用一句话概括就是“绿”在不同阶段有多种含义。各种层面、各种人眼中的“绿”变成了一个代名词，其含义不可能完全吻合。

在这里，我想顺便讲一下“城市自然”。这是我在20世纪80年代提出的一个概念，目的是想告诉人们城市中的自然是不会顺其自然地留存下来的。当时好多人认为若不去参与保护自然而想让它保持原貌，在城市领域是不可能实现的事。为此，我和横滨市公害研究所的森清和先生等人还组织了专门的研究会。

因为人的各类生产和生活所需，必然会消耗树木和森林等自然资源。人们可以通过政府采购绿地而对其进行保护，也可通过缔结林地借地合同来保护这些资源。总之，若人类不行动起来保护自然资源的话，城市里的绿早晚会消失殆尽！这就是我想让大家一定要了解的“城市自然”。

日本的公园绿地

虽然绿色的种类繁多，最核心的就是“公园”概念。日本的公园分为自然公园（国家公园）和城市公园。平成四年（1992 年），制定了城市绿地法，规定所有城市都要贯彻执行“绿色基本规划”，有计划地进行绿色城市建设。虽然在此之前的日本城市公园是以昭和三十一年（1956 年）出台的城市公园法为基础来进行运营管理的，然而谈到相关的制度却要追溯到明治六年（1873 年）。明治时期的社寺境内地等还是按照旧的公园制度被使用，而从日比谷公园开始，很多公园都以西洋风格为基调开始进行设计和建设。

我个人认为，日本应该开始着眼于建设符合日本风土人情的“代表日本文化的公园”了。希望通过相关人士的努力，日本的公园面积能够达到人均 $10m^2$ 以上，而且按照国交省的“政策大纲”要求，达到地域面积 30%、向着人均 $20m^2$ 的目标努力。根据我的

“绿色最小值50%”研究成果显示，未来的绿地标准不是按照人口率，而是按照面积率来计算的。未来我们不能只考虑生产绿地，更要考虑与市民农园相似的民设公园、民营公园、绿化道路、河川绿地、环境农地、屋顶绿化[新宿区屋顶花园推进技术指针（1990年）是由我提案的]、壁面绿化等各种类型的绿地，并且要出台一些适合这些综合性绿地的、较为灵活的绿地政策。

最后还要加上一条，不能忘记我们的目的与目标是让“绿的历史文化”深入人心。

公园系统与日本的松原

在美国东海岸古老的城市波士顿，有一条被称作“翡翠项链”的公园系统（park system）。从字面上我们可以想象河川、森林与公园所组成的如同翡翠项链般的绿带环绕着城市，形成优美的绿色系统。从自然环境的角度来看，绿色及公园仅是点的存在是不完整的，必须要以线、带、廊道（corridor）的形式存在。从绿带的意义来看，防风林、海岸林都非常重要。

日本绿化中心与日本松原保护协会一起，为保护日本的绿带而全力以赴，我也加入其中。日本的海岸曾被美丽的松原所包围，但是渐渐地被防潮堤和混凝土的人工防护所取代，随着填埋的工厂区域的出现，松原也在消失，我们在尽力使其还原和重生。

从人造卫星上看到的如“绿色万里长城”般带状的、成型的绿色十分重要，我把大家所看到的作为风景的绿带称作“绿色的坐标轴”。这种绿带有国家级的海岸林、防风林、河畔林；有城市级的街道绿带、绿化道路；有住宅级的房屋林及篱笆林等，这些都是绿轴。对于现代人来说，“我的家”、“我的城市”的感觉渐渐淡漠，因此水与绿色的坐标轴会带给人们领域感，从而令人感到精神上的安定。

迄今为止公园行政机构在公园建设方面还是做了很多努力，如建设了很多小规模的公园，但是遗憾的是多数还只是停留在“点”的阶段。最好是把这些公园连成“线”，进而形成带状的“带与面”。目前基本达到人均 $10m^2$ 左右的绿色拥有量，公园行政机构面临的下一个课题就是如何构筑绿色的网络系统。

在这方面还是美国比较先进。150 年前，纽约的人口仅有 60 万，那时在纽约的正中央建设了东西宽 800m、南北长 4000m 的中央公园；在波士顿建设了上文提到的“翡翠项链”公园系统。仅是中央公园就有 $320hm^2$，比日比谷公园（$16hm^2$）大了约 20 倍。建造中央公园时，纽约人口仅为 60 万人，公园保持了自然的原貌，为美国人民提供了全世界第一座国家

美国波士顿市的公园系统（公园系统：F.L.Olmsted 规划，1896 年）

兵库县浜坂町的松原和户外露营场

静冈县浜松市的松原保全义工

美国纽约中央公园的水与绿的风景（2004 年摄影）
（F.L.Olmsted 与 C. 博设计，1857 年）

公园（National Park）。国家公园制度也由此诞生，这一点美国的确很有超前意识。

农业体验的意义

右图是以前我对学校农园调查的一部分成果。

东京世田谷区以登记农地的形式讲述了相关的保全政策，区立喜多见小学里面有学校农园。刚好校长的儿子安元当时在我的研究室学习，我让他做了相关的问卷调查。

学校的周围有田地，并为孩子们提供农业体验的场所。学校以“劳作”来命名相关课程，并留出足够的“劳作时间”。这种劳作教育是玉川大学的创立者小原先生发起的。

无论在音乐创作还是机械创造领域，只要是创造与孕育新事物时所运用的都是大脑中叫做“前头叶”的部分，而要刺激这部分，要灵活运用手指、手及肌肉的相关部位。因此人们常说肌肉活动会使头脑更为灵活。因此动手劳动是非常有必要的，而且要保证足够的劳作时间。可是很多学校都取消了劳作时间，喜多见小学还能够坚持是很难能可贵的，不仅是在校老师参与，附近的农家也来帮忙。我们试图观察农业体验活动的有无对学生产生的影响。做了一个比较表，对农作体验前和体验后孩子的变化得出相关结论。

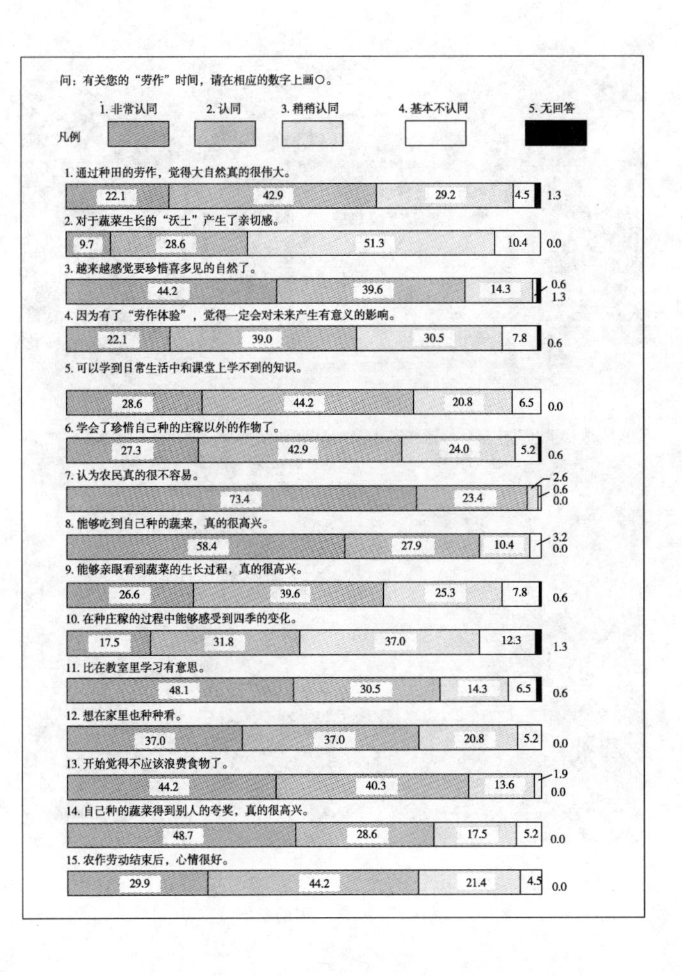

问：有关您的“劳作”时间，请在相应的数字上画〇。
1. 非常认同
2. 认同
3. 稍稍认同
4. 基本不认同
5. 无回答
凡例
1. 通过种田的劳作，觉得大自然真的很伟大。
22.1
42.9
29.2
4.5
1.3
2. 对于蔬菜生长的“沃土”产生了亲切感。
9.7
28.6
51.3
10.4
0.0
3. 越来越感觉要珍惜喜多见的自然了。
44.2
39.6
14.3
0.6
1.3
4. 因为有了“劳作体验”，觉得一定会对未来产生有意义的影响。
22.1
39.0
30.5
7.8
0.6
5. 可以学到日常生活中和课堂上学不到的知识。
28.6
44.2
20.8
6.5
0.0
6. 学会了珍惜自己种的庄稼以外的作物了。
27.3
42.9
24.0
5.2
0.6
7. 认为农民真的很不容易。
73.4
23.4
2.6
0.6
0.0
8. 能够吃到自己种的蔬菜，真的很高兴。
58.4
27.9
10.4
3.2
0.0
9. 能够亲眼看到蔬菜的生长过程，真的很高兴。
26.6
39.6
25.3
7.8
0.6
10. 在种庄稼的过程中能够感受到四季的变化。
17.5
31.8
37.0
12.3
1.3
11. 比在教室里学习有意思。
48.1
30.5
14.3
6.5
0.6
12. 想在家里也种种看。
37.0
37.0
20.8
5.2
0.0
13. 开始觉得不应该浪费食物了。
44.2
40.3
13.6
1.9
0.0
14. 自己种的蔬菜得到别人的夸奖，真的很高兴。
48.7
28.6
17.5
5.2
0.0
15. 农作劳动结束后，心情很好。
29.9
44.2
21.4
4.5
0.0

加拿大 UBC 的土地所有者学习项目风景
（UBC 农场，2004 年）

结果表明，经历过农作体验的孩子不会剩饭，价值观也发生了不少变化。也许这个结论不用调查都会得出，但是我想强调这项活动的重要性。

两年前我曾去加拿大的哥伦比亚大学（UBC）访问，学校借给学生一定面积的土地，让学生们在那里耕作、收获然后贩卖成果，并通过这一系列的活动让学生从实践中学会经营。我看到这一切非常有感触："无论对于孩子还是学生来说，在体验中学习是多么重要啊！"

公寓居民更像无家可归者

下页图表现的是古希腊罗马的城市住宅。图左中央位置的入口处是叫作"atrium"的中庭，正中央是叫作"peristylium"的中庭。在那里，有我们从电影"边哈"等中看到的英镑（pound），在旁边放着盆栽的橘子和橄榄树。再往里面走，就会看到被称作"xystus"的菜园。

日本平安京的町家跟英国的方式有相似之处。古往今来，纵观国内外城市中的住宅案例，家的基本构成都是"带菜园的住宅"，所以没有菜地的住宅算不上是真正的住宅。

英文中把家庭叫作"home"，而汉字中则是写成"家"和"庭"。家是"house"，庭是"garden"，所以

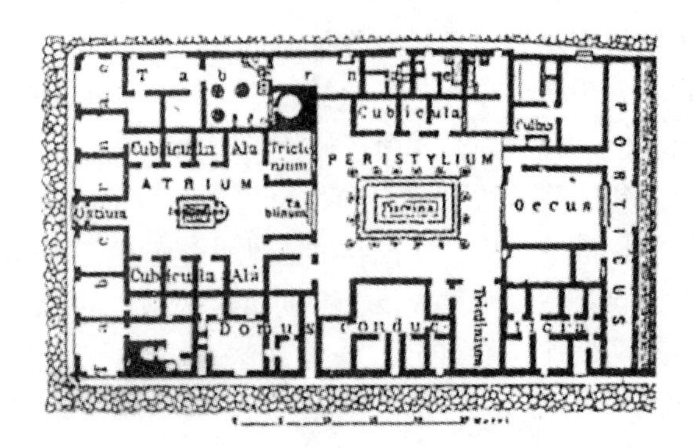

古代罗马庞贝城的住宅内部。最里面是非常实用的被称为xystus的菜园

古希腊罗马的城市住宅图

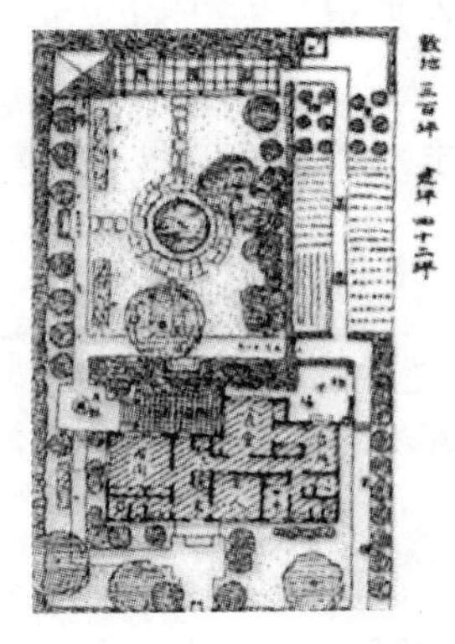

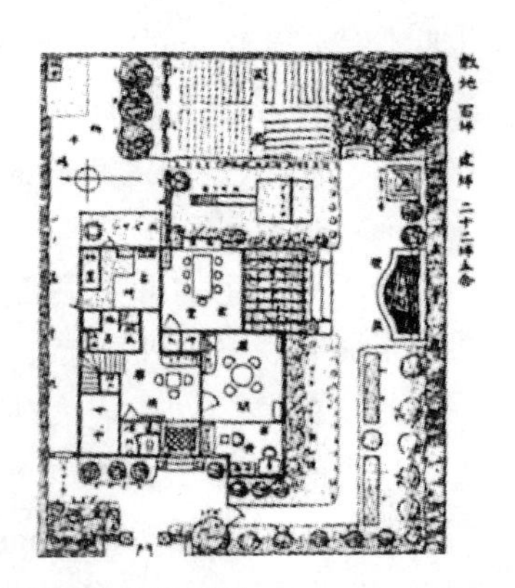

昭和初期的带菜园的住宅规划

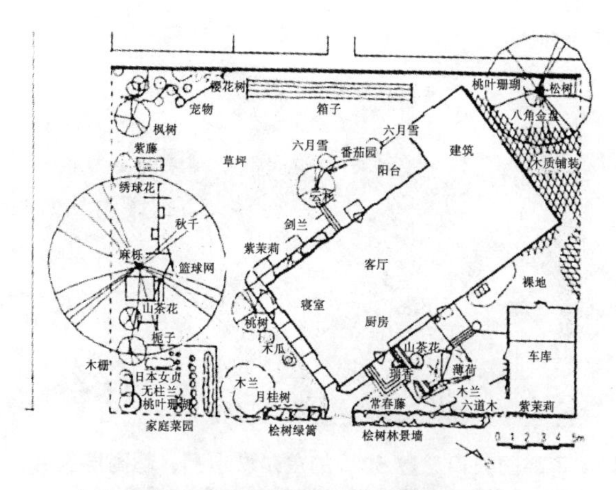

大和市南林间的苏塔德先生的庭院中可以看出他对绿地生活所下的工夫

“黄皮书”/本场英国与日本（北海道）的例子

在集中了韩国人口总数 50% 的首尔城市圈，超高层集合住宅不断增加，但是在小区内随处可见生态种植及菜园（上）、果树园（下）、自由市场等形式（2007 年）

house + garden = home。但在现代的公寓住宅中，仅有“house”而没有“garden”，所以我把住在城市中、哪怕是高级公寓的人们也称作是“homeless”（无家者）。

反之，人们常常讥讽那些公园中的流浪汉，称他们为“蓝色简易棚”“无家可归者”，然而在我看来，他们所处的环境要比我们好得多。漂亮的公园、可望到无敌河景的大桥下面，与这些环境相比，居住在高楼大厦中的城市居民才像真正的无家者。

另外一张图是日本大正、昭和初期的带菜园的住宅图。直到“二战”前，日本的住宅都是带菜园的，庭园消失的住宅是在战后才出现的。认为现代人的居住及生活方式为最佳者是大错特错了。城市中存在的土地问题、经济问题、建筑家们离开自然而进行创作等问题决定了今天的“人本位”的生活局面，然而这不是件好事，希望大家能够尽早觉悟。

有人说有庭院太麻烦，若请园艺师帮忙打理还要花大价钱。其实我认为自己照顾自己的庭院是最好不过的，因为当你面对大自然时，定会获得身心双方面的愉悦享受，这也是绿地生活的一部分。前段时间我去了韩国的首尔，在高层公寓的下面就是菜园和果树园，看起来首尔的居民并不是 homeless（无家者）。

我家附近住着苏塔德先生一家。他们的住宅建设方法很巧妙：为了日照充分，建筑与道路保持45度角；在庭院里面种植了大棵的橡树，利用落叶作为堆肥来栽培迷你菜园及香草。苏塔德先生在绿篱外透过低矮的栅栏与路人交流。他的院子里还种了可以装点成圣诞树的德国唐桧，是享受绿地生活的非常合理的模式。虽然没有特意建成开放式的庭院，由于面积不大，外面的人还是可以看到院子深处。近年来，开放式庭院在日本很流行，介绍这种庭院的导游书被称为“黄皮书”，在日本已经有数十处发行站（注：2004年4月止，已有42个团体发行）。

市民农园（Kleingarten）的推广

下页的图片是德国Kleingarten的风景。Kleingarten是指德式的市民农园。从规划平面图上看，它如同城市住宅地的规划一般，被分成很多区域的菜园区，一个区域的面积大概在100到150坪之间（1坪约为3.3m^2）。

在各个分区里，有被命名为“夏之家”、“小屋”等休息场所，可收放农具或喝茶，也可做些简单的料理，但是不能住宿。面积不大，最多不超过七八帖榻榻米，但是前庭有草坪、花坛和果树，各占土地面积的1/3左右。

一个分区一年的租金约合日元1万到两万，合同

年限为20年，非常便宜。土地基本为公有，有从农户手中借来的用地，也有与公园共用的等。

Kleingarten中的Klein是“小的”、分区的意思；garten指“庭园”。这种区分成小区域的庭院也可以叫做“分区农园”。由于该“分区农园”对健康有益，为医生Schreibe所推崇，故我们称之为“Schreibe garten”。该园200多年前就有，并受法律保护。

德国的市民热爱劳动，他们在Kleingarten周边的道路种花，定期清扫，这些都是义工行为，工作完大家会聚在一起喝啤酒。每个Kleingarten都有相应的组织，还有俱乐部。俱乐部的建设经费由地方啤酒厂出

德国的市民农园的风景（上面 2 张是以花卉来修景的道路，中间 2 张是一所农园，下面 2 张是俱乐部）

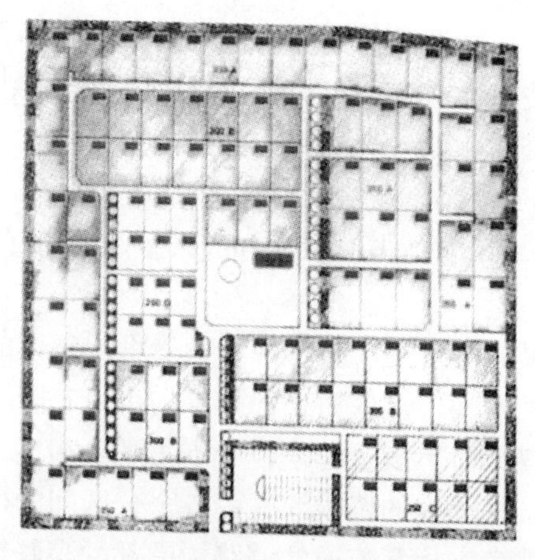

德国各市可见的市民农园的规划图例及全景

资三分之一，但条件是要消费他们出产的啤酒；三分之一经费由会员负担；另外三分之一由会员的劳动成果拿去交易赚取。会员中有工匠，大家可以一起建设俱乐部，一起从事农耕劳作，一起交流娱乐，就连约会时的花束也要去Kleingarten采摘，大家真是乐在其中。

下页的图片是十几年前，我受世田谷区的委托规划的市民农园。迄今为止，日本的市民农园通常用纸壳和塑料绳简单围合起来，并不美观。相比之下，德国的Kleingarten的确很漂亮：各个分区间的栅栏都修剪得很整齐，相互连通的道路周围都种满鲜花。如果世田谷区也能够建设这样的市民农园，那么区民就能享受到如此美好的农业体验！我当初在做规划的时候曾这样设想。

下面要介绍的“片平乐农俱乐部”位于川崎市，是我的友人——三浦先生经营的市民农园。他受我的“乐农”思想影响，把夫妻两个共同经营的农园起名为“乐农俱乐部”，也以他们的方式对公用事业做出了贡献。

未来的时代会愈加向时间消费型社会迈进。那种一晚在拉斯维加斯输掉几万美金的瞬间消费将会被长时间、低消费、高品质的生活所取代，而我前面所介

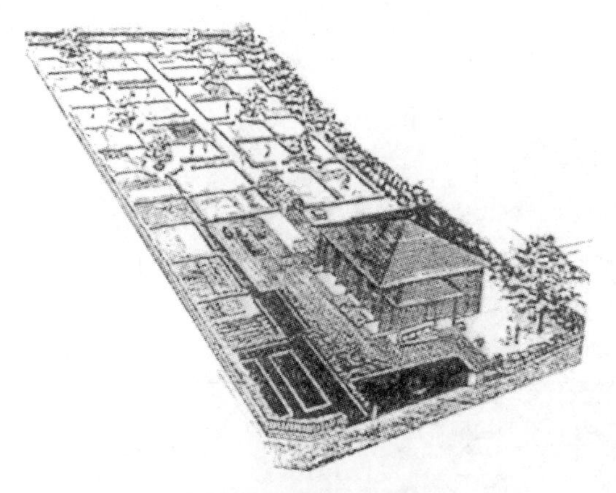

世田谷区立砧市民农园
（规划——进士五十八等，1994 年开业）

川崎市的片平乐农俱乐部 花窗玻璃大门（横山设计）与宣传册（进士绘里子设计）

乌克兰、基辅郊外牧伦乔克先生的农园风景（附带菜园的住宅）（上图是在菜园内花房招待客人，下图是菜园）

绍的园艺福祉及市民农园等形式将越来越被人接受。

到现在为止，市民农园的取费都非常便宜，年费仅为3000日元，所以有些管理就跟不上去，常常发生杂草丛生而无人问津的状况。其实完全可以把每个月的租金提高到几万日元，就像农民们缴付“宅地使用税”一样。反之，不这样做的话，城市中的农地就会逐渐消失，农地的消失就意味着“绿”的消失，这对于市民来说是损失巨大的事情，因此值得我们高度重视。

当我看到欧洲的市民农园是如此蓬勃地发展着，而日本却还是没有达到理想的状态，实在是很不安。与其把3万日元花在网球俱乐部，不如把这个钱用在农业俱乐部，越是上层社会越该务农。要知道从事农业劳作要比骑马和打网球都帅……，这样的时代希望早点到来。

俄罗斯语把菜园叫作“Dacha”，也指带菜园的别墅。国家不同叫法也不同，日本称之为“市民农园”、德国称之为“Kleingarten”、英国称之为“Allotment garden”。其中，英国的“Allotment”也被划分成很具体的区域。

我曾访问过乌克兰牧伦乔克先生的菜园别墅，里面有一个小巧的八角形小屋。他把客人们让到屋中招待，吃的蔬菜当然是自家小园产的。在乌克兰，即使是上层社会，人们所吃的蔬菜也是自给自足，而且这种生活方式已经成为潮流。

上面的内容，我主要讲述的是人与自然共生、与绿色的交流，特别是与“农”打交道的重要性。通过与绿色及农田的接触，我们可以交到好朋友、获得健康，度过非常美好的人生时光；学习如美国的公园绿地系统、德国的市民农园模式，制定相应的公园绿地政策，使城市中的农地与绿地得以保留，通过向市民出租土地等措施来保障农民的利益。

“生态城市”——未来城市建设的趋势

人类生存环境的基本条件

我认为城市建设的基本原则是安全、安心和安定。关于这一观点，我在建筑学会曾以“安定环境论”及“安定空间论”等题目发表过相关内容，而这些论点是以生物生存的“安定性是基本”为考虑重点。

为什么说绿和水对于环境尤为重要，是因为人类生存的环境不要有太大的变化，“安定”也就成了关键所在。

如上所述，正因为绿和土的比热较大，即使阳光很强，气温也不会骤升；反之即使太阳落山，温度也不会骤降。这就足以表明对于人类赖以生存的环境来说“安定性”是多么重要。

人的体温较为恒定，一般维持在36.5℃。如果这个温度变为40℃或45℃的话，人的头脑就会变得很奇怪，反之也是一样，体温过低会造成冻伤。比18℃高或低3℃的温度带称为“舒适带”，是最适合人居的气温。在这样的温度下，人们的头脑格外清醒，从事体力劳动也不会汗流满面，是非常舒服的。而高于这个温度，人们可能会感到头痛，温度再高的话就会愈加不舒服而生病甚至死亡。我现在虽然谈的都是温度，但我真正想说的是环境的状态对人类来说是多么重要。

舒适、不快、生病、死亡。如果人类的生存环境恶化会直接导致人的死亡，因此气温骤升和骤降可能给人类带来灾难。现代城市的整体都用混凝土及沥青覆盖就会导致温度的升高，也就会有温度骤变的倾向。而热岛效应最近几年备受关注的原因也正在于此。同样，如果水循环不利，也一样会造成严重的后果。众所周知，为了保持人体的健康，血管遍布全身，血液也通过血管流到身体的各个部位，神经是通到人体的各个细微的部位。如果它们凝固或断裂的话，人体的健康状况也将不堪设想。同样的道理，绿与水的系统也必须贯穿整个城市，这样的城市才有可能成为“健康的城市”。

城市的健康可与人的健康类比，因为他们都是有生命的。20 世纪的工业文明如同利用人工心脏和人工肾脏来维系生命一样。高楼大厦里装上空调、电灯，并把消耗的能源排到户外，这些做法都是造成热岛效应及地球温暖化的直接原因。

正如疏通人体内的神经与血管一样，我们也需要把城市的健康找回来。我们要在城市中建立水与绿的网络，并把这种循环与环境共生的城市称为“生态城市”（ecological city）。

绿地的作用·四大网络系统

为了使环境更为安定，重中之重就是“绿地”。特别是在人为参与环境日趋严重的今天，绿地在大城市中显得尤为重要。为了使绿地更好地发挥功能，不能让其只是点状存在于城市中，更有必要使绿与水更为系统化，也就是要使其网络化。下面，我就从四个方面来阐述绿与水的网络化。

第一是开放空间网络。这也是为防灾、运动和休闲的功能加倍得到发挥的网络。

第二是景观网络。如以远处的山脉为背景，若把这些山脉借到城市中来的话，也就成为了城市眺望的背景。如果先看到背景山脉的话，人们自然就会有种安心感。这也就是风景通过近景、中景及远景来提高其自身价值的道理。景观网络强调的也是在营造景观的时候，要注意风景本身与其背景的关系，如作为背景的防风林、河川风景及树林都很重要。

第三是生态网络。顾名思义，该网络是为了维系生物的生存而建立的。作为有生命的生物体，一只小鸟也好一只昆虫也罢，它们不可能只在一处生存，它们的筑巢场所、觅食场所、活动范畴都和树林与水系

（河或者小河）相关联系连接。动物在这样的环境下才能得以繁衍生息。

第四是交流网络。这是我发明的词汇。也许有些难懂，但是我想说明的是绿地空间要承担的责任是连接人与自然；连接上述所说的小自然、中自然、大自然；连接人与人及与自然的相遇。

连接从城市中心到郊外、从海到山、从各种场所的公园、广场、亲水公园、农园、里山、棚田等各种各样的绿色及各种各样的朋友的交流都将成为可能。

自然与人的交流、人与人之间的交流、男女老少的交流。就是要创造适合交流的绿色空间。即使是普通的谈话，环境不同，谈话的内容也会有所不同，好的环境会有好的谈话内容。这也是良好的社区环境及城市环境的创造。

如果想真正地互相理解、建立良好关系的话，好的环境不可缺少。伴随适当的耕作、进行必要的绿地管理来营建二次自然非常关键。进行农耕或是进行生物性的绿地活动都可以，大家在一起“协作”是最重要的。通过这种协作达到相互交流、相互理解的目的。我认为协作是人们互相认识、彼此交往的开始。

举一个孩子的例子。如果觉得金钱能解决一切那就大错特错了。分工协作才能让他们知道真正的团结及连带感。而当今社会，这种机会却少得可怜。因为市政府什么都替百姓解决。因为有人把现成的饭菜端来，百姓就惯性地认为“我是客人”了。

其实这是一种损失。既然人类能够生存，就应该把承载我们生命的社会当做舞台，而在这个舞台上尽情地演绎好自己的角色、尽情地演绎好自己的人生才是关键。

而为百姓提供这样的场所是政府该尽的义务，也就是说政府要为百姓提供可以进行交流的、可以形成交流网络环境的各种各样的绿地。一提到墓园，人们可能会有异样的感觉，其实墓园恰恰是一个让人的身心得到安宁的场所。在德国大部分城市，环境较好的地方都设有中央墓园，这些墓园里或有连续如森林般的大树，或是由草坪构成。人们散步其中，潜意识中似乎与自己的祖先联系到一起。其实人不是平白无故就降生的，是因为有了祖先、爷爷奶奶、父母，才有自己，所以墓园正是缅怀先祖、思考人生的最佳地点。而城市中到处瓷砖铺面的广场、七色喷水池却不会让人有任何感觉。漫步在那些大树掩映的中央墓园中，我越发切实地感受到人活着的意义。我认为真正的公园应该是墓园。

同样是与绿色交流，场所不同，氛围也大不相同。五颜六色的霓虹灯偶尔也可以欣赏，然而多样的绿色更是不可或缺。

森和林也是同样的道理。虽然森与林在写法上只是多一棵或少一棵树而已，但实际上却完全不同，不知道其不同在哪里可不行。而树和花则更不相同，树木的成长象征着时光的流逝，而花开花落则代表着生命瞬息变化。就是这样，各种生命体都有其自身的价值。

为了满足以上我所阐述的四大网络系统的条件，必须要把水与绿配置其中，使自然的循环与共生得以实现，还原人类本来的生存环境所具备的安全、安心及安定的条件。

人类生存的条件·绿色最小值

阳捷行先生曾经说过，适合人类生存的条件非常有限。具体说来，18cm 的土、11cm 的水、15kg 的大气、3mm 的臭氧层，在这样的条件下人才可以生存。

另外，根据亨利·德雷夫斯（Henry Dreyfuss）的分析，如下页图中圆圈中的数字所示，各种范围的数字表明，紫外线的量、温度、湿度、空气的流动都是在圆与圆中间的数字范围内是最舒适的。让人感到意外的是，人类是在范围很狭小的环境条件下才能生存。

据我的“绿色最小值”研究的成果表明，在每个

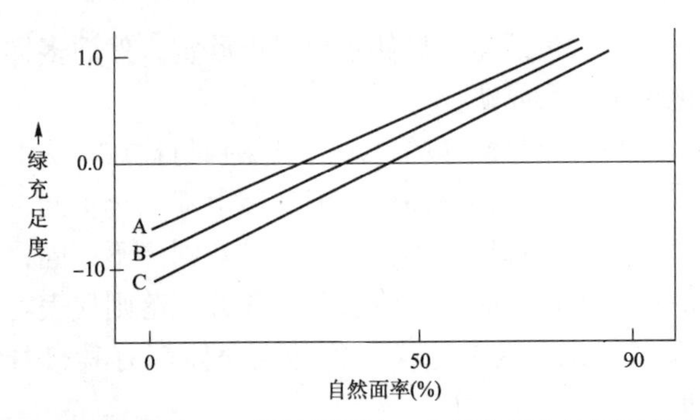

注：A 是居住尺度，B 是近邻尺度，C 是表示在地区尺度内的绿充足度和自然面率的相关关系。
（进士五十八“关于住宅环境的绿色及构造的相关研究”造园杂志 38 卷 4 号，日本造园学会，1975 年 3 月，p16–31）

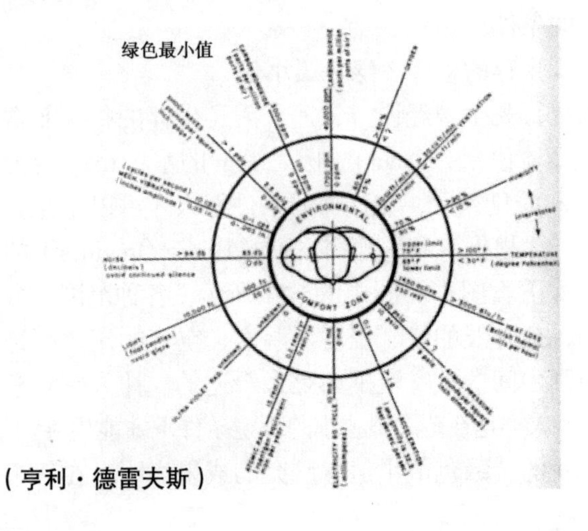

（亨利·德雷夫斯）

四周为 300m 的居住空间内，孕育自然及绿色生命空间的百分比必须保证在 50% 以上。而且各种相关数据都表明，为了让环境的变化幅度变成最小，必须确保土地、水及绿色的空间。

多样性与多层性

那么，只要确保自然面率就可以了么？显然那是不够的。在保证足量的同时还必须确保质，也就是保证其多样性和多层性。首先，我们对“多样性”进行了考察和研究，发现了其重要性。如下图所示，左图所显示的土地是由森林、农耕地、茂密森林、草原构

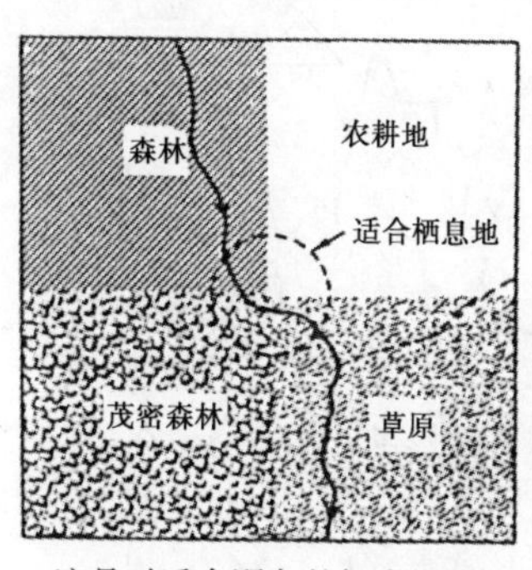

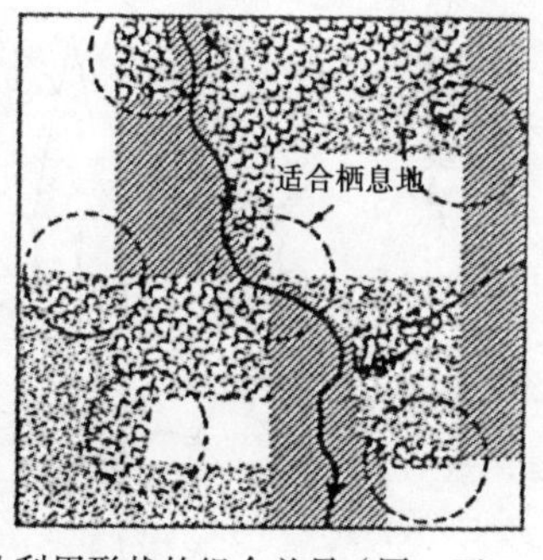

这是对适合野鸟的栖息地和土地利用形状的组合差异（同一面积）比较图，显示出提供多样和多层的栖息地的状况。（池田 真次郎《野生鸟兽和人类生活》，原出典 /G.L.Clark）

生物生息和场所的多样性

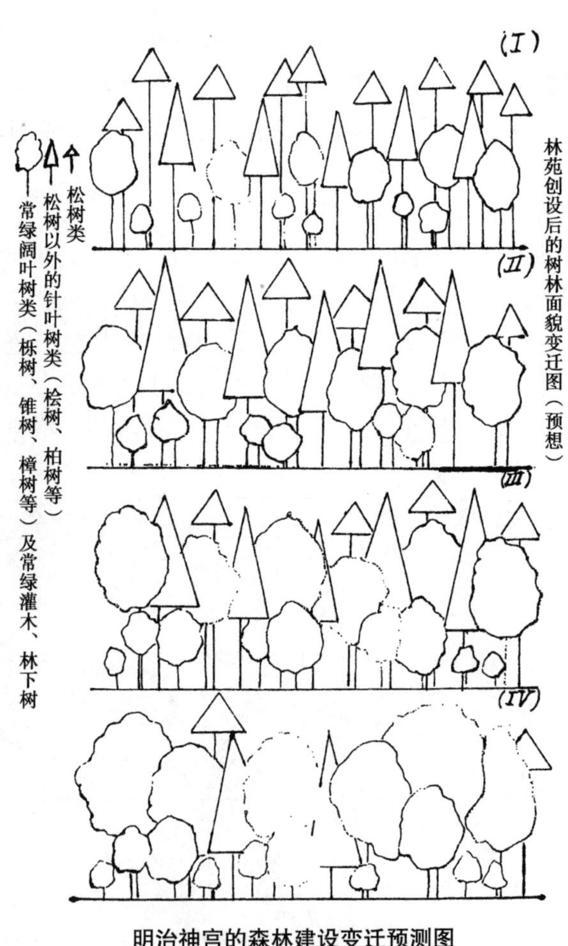

明治神宫的森林建设变迁预测图

大城市的下面有自然

[理查德·瑞吉斯特（Richard Register）著、霜田荣作译“生态城市——重建与自然平衡的城市”工作舍，1993年]

成，这些土地彼此独立，互不交叉；而右图所示的土地却没有独立划分，是一种混为一体的状态，而栖息在右图的土地上的鸟类要比左图的多六倍。因此而见，复杂多样的土地最适合生物栖息。

人类居住的城市环境也是一样，如果都是高楼大厦、硬质铺装的话肯定不行，一定要有绿色及农地。而适合人类居住的城市也不是仅有绿色就行，要有住宅用地、商业用地及工业用地等多种土地构成。都说工厂的噪声大，但是工厂是生产的地方，人类离不开生产，生产的方法来源于生活，所以人类要从身边的多样性中学习到有效的生产方法。

下面，用“明治神宫树的成长预测图”来对多层性加以解释。最上面显示的是刚种下的树木，最下面显示的是 50 年后树木成林 climax（顶级群落）的样子。由于该树林是由大树、稍大的树木、中等树木、矮树、地被等各种高矮不同的树木构成，即使来了台风，高树倒下，还会有中等树木长大候补，因此永远保持较为安定的状态。

迄今为止的城市建设多是让一些造型好看的建筑物罗列开来、建设规规整整的街区。我认为除此之外，对于人类和生物类，最重要的多样性和多层性千万不可忽视。

那么，未来的城市建设是否可以朝着这样的方向发展呢？能否让现在如此巨大的人工城市有所改变呢？答案是肯定的。因为剖去大城市的外表，下面还有很多留存的农村的大自然。我们不妨来看一下美国加利福尼亚州伯克利市的例子。

尽管看表面很多大城市中有高楼大厦，其实一层外皮的底下就是农村，有田野、农地及农业用水，而对这样的土地做过详细调查后就可以大胆地规划了。

与环境共生城市的必备条件

生态城市，也就是我们常说的与环境共生的城市建设的方法有很多（如下页上图所示）。但是正因为选择太多，有时又会造成无端的浪费和能源消耗。我的结论是从三个方面着手就可以彻底解决一些问题（如下页下面的图所示）。就是建筑界要建节能建筑、土木界要透水性铺装、造园界要绿化，才能彻底解决生态问题。

这是 1987 年我们在环境厅提出的想法，只要从这三方面彻底解决，将会有较大的改观。就像图上所示，环境变化了，周围的一切也随之变化，就会出现好的街道和城市景观。所以我不建议把事情复杂化，而是要简单长期地贯彻执行。通过上述的三个方面，会使城市的水循环、绿色及生物的循环、温热环境的安定化得以实现。

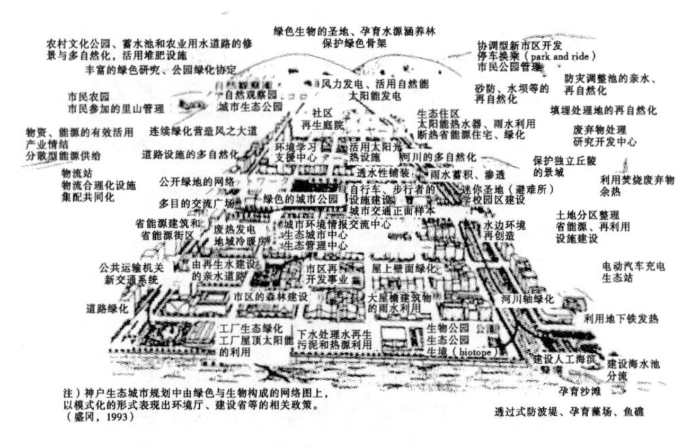

为实现生态城市而制定的政策及事业方针
（由于项目过多不免担心其是否会有耗费能源等弊端）

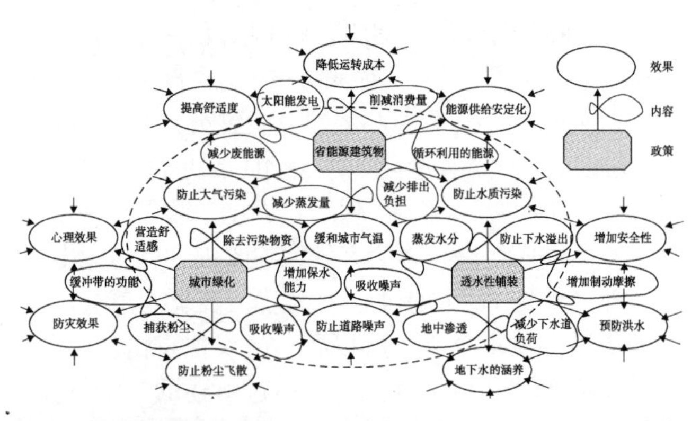

生态城市可以通过 1. 绿化 2. 透水性铺装 3. 节能建筑等三个政策来彻底解决是进士五十八一贯的主张（1987 年于大成建设城市再开发研究组 / 环境厅）

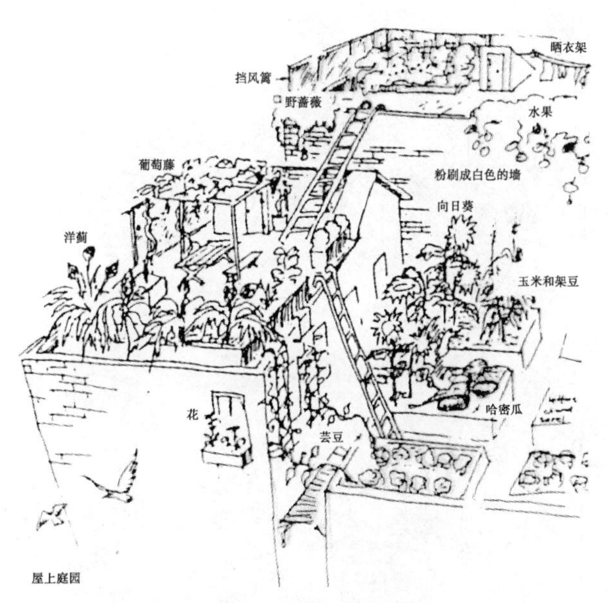

实现生态城市的第一步的屋顶绿化的意象图
（加利福尼亚伯克利的案例 / 理查德·瑞吉斯特原图）

实现生态城市的第一步就是屋顶绿化，大家可以参照上图来判断该想法是否可行，而且用图来讲解最浅显易懂。

下页图是片寄先生的自然复原步骤图。图的最下面是由混凝土构建的现代城市，这个城市中残留的“绿色”及“水系”由点线连接，把这些稍作强化连

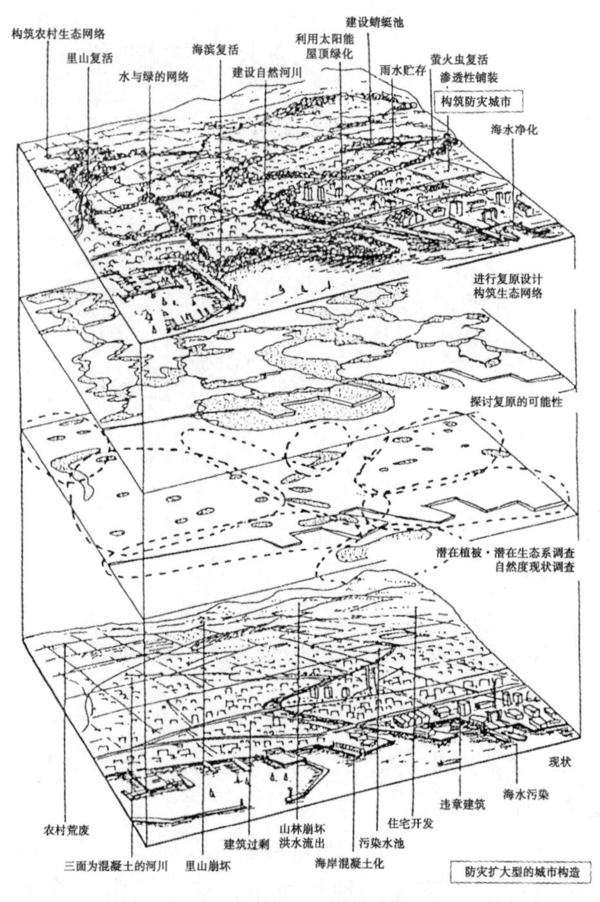

（自然复原将来的构想）
生态网络的构想（片寄俊秀 原图）

接起来就可实现生态城市。为了构建水和绿丰富的城市，就不可放弃这些想法。

有关建筑的绿化方法有很多种类和标准，我选了几张照片来展示。

我在25年前就曾强调指出屋顶绿化的重要性，那时我刚从中国台湾回来。当时的台北市比东京的密度还大，基本上除了屋顶外没有任何绿化的空间可言。当时按照台北市长的指示，相关的材料费由政府无偿提供。我在台北的两位友人：李远钦、黄明秀的带领下参观了当时的屋顶绿化。如照片所示，除了草坪铺装外，还有由旧浴缸等废弃容器装上的土壤养殖的一些蔬菜之类的东西，非常有生活的味道。

而在日本真正出现屋顶庭园是在《朝日新闻》东京本社进行的屋顶绿化。是由竹中工务店和造园家中岛健设计，是在面向南侧的筑地市场的斜面上进行的非常地道的四季之林。在报社的屋顶上面开满四季的鲜花是中岛先生美好的愿望。

近年来，屋顶绿化在日本盛行。这是从巴比伦的空中庭园以来人类大规模地考虑有关建筑的绿化，以后应该更重视各种独特的绿化手法。我在六本木大厦的低层屋顶上实现了种稻田的想法。当时我向森大厦的社长森稔先生提出该建议，立刻得到了他的赞成，

中国台北市的屋顶绿化风景（25 年前开始的在既存建筑物上的屋顶绿化 / 上面的照片是从道路上看到的街景，下面是建筑物上的屋顶绿化）

日本的原风景是秋天的芦苇再配上稻田和柿子树，我在六本木大厦低层双子建筑的屋顶上表现了该风景（提案：进士）

粗放型屋顶绿化（进士自宅的屋顶上 / 只是在薄土层上撒上杂草等种子）

德国的道路和环境

右列：将道路隧道化并在其上面覆土，建设成为绿地广场，侧面做成水景及岩石壁面等进行环境改善。左列：堤坝水池是小青蛙等生活的生态池，草地是蝴蝶等的生态池

而且通过设计变更实现了我的这个想法。像这样在城市的高层或正是因为它在城市中心，我们才来让它表现日本的原风景。虽然我家也很狭小，但是也在挑战粗放型的屋顶绿化。

下面我们来看看生态城市的实例。在德国铺设Autobahn（高速铁路）的时候，其上方用80cm的覆土建成了地上公园及绿地。其斜面上，则有流动的水景、岩石景观，还有像蜥蜴和蛇一样匍匐在上面的植物景观。雨水虽然被排到道路上，但是在堤的下面挖的蓄水池可以储存雨水并形成生态池，让各种水生植物和小动物在这里生活，也可以把这里当做一个环境教育的场所。

利用割草的方法来改变场地的利用也非常有效。有的地方把草割10cm高，有的地方把草割20cm高，前者可以让蝴蝶栖息，后者可以供飞蝗出没。就这样考虑各种昆虫的生息环境，并为孩子提供可以亲近昆虫的场所和进行生态教育的舞台。

地图上表现的是德国慕尼黑的城市面貌，有高楼大厦、公园绿地与农业用地。绿地包括森林、草地和跑马场，上述介绍的墓园和市民农园也在其中。现代化的日本，很多人都反对在城市中有农地，特别是商人和政治家更反对。所以，在市区内的农地要与住宅地一样纳税，这样就迫使农地搬出城市。但是在欧洲却恰恰相反。真正环境良好的城市要适当包括农地及林地并活用它们，真正实现绿色及自然与环境共生的城市。

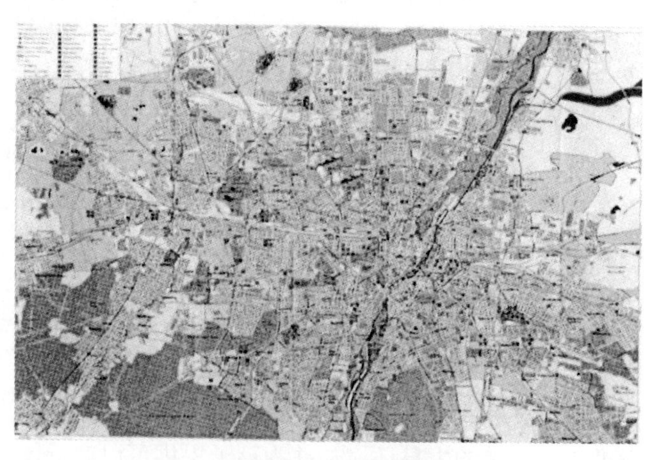

城市中的绿地与农地（德国慕尼黑市）

我曾撰写过《城市中为什么需要农地》（实教出版，1996 年）一书，也出版了《农的时代》（学艺出版社，2003 年）一书，就是想让人们理解我的这些想法与观点。

慕尼黑的城市领域中有三分之一为公共绿地。看其地图你就会很有感慨地发现，绿色的部分全部都是公共绿地，而且从城市树林、墓园、花园、庭院、植物园到动物园等，类型丰富。看到这样的例子，不由感觉日本的绿色建设还需要努力啊！真的希望日本能够以日本文化为基础，大力发展“日本型公园”、“日本型生态城市”、“日本型和谐城市”，创造饮誉世界的“公园文化”。

充满“地域性特征”的城市景观建设

好城市、好风景的评价原则

到这里为止，我讲述了绿色城市建设义工和环境共生的相关内容，但是正如我开始说的，绿化只是一种手段。虽然绿色本身有其自身存在的价值和意义，然而增加绿色的量并不是最终目的，而是通过增加的绿色来建设居住环境优美的城市。而美丽的、富有个性的人居环境是人类最好的生存场所，这才是最终的目的所在。

最后，我想简单地从风景设计的角度来谈一下如何建设有“地域性特征”的城市景观。这个观点在我们的书《风景设计——感性与义工时代的城市建设》（进士五十八、森清和、原昭夫、浦口醇二共著，学艺出版社，1999 年）中有所体现，封面上画着由各种人所组成的世界：男女老少、妇孺壮丁、各色人等。

这就是社会，这就是现实。景观也必须从社会的多样性角度出发来考虑问题。

在日本，从有景观政策起到现在，一直比较重视街道的整齐性，如必须使用这种颜色、高度必须达到统一的标准等，就好像每个人的价值观都是一样的。

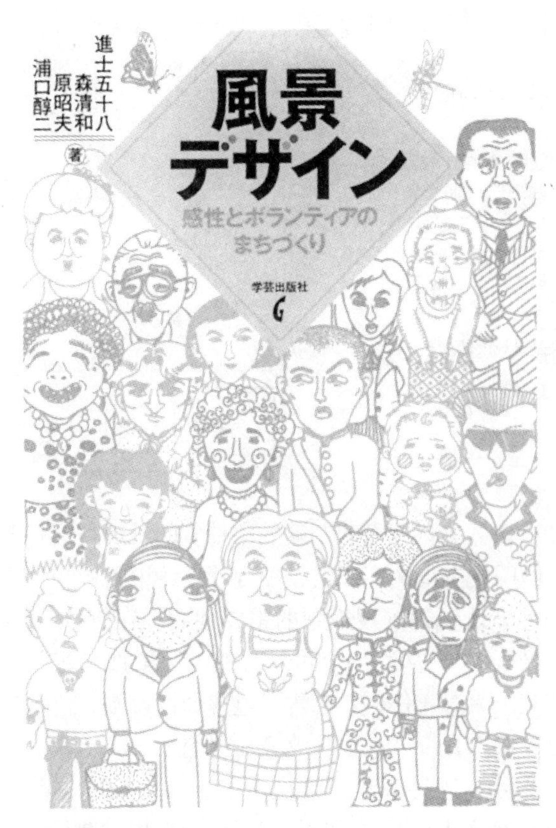

从今往后的城市建设要从“感性”、“义工”、“风景的主体——全体的平衡”入手。因为社会是由持多样价值观的人群构成，采取一样的规则及方法来对待是不妥当的

景观论①

安全・安心的原则

景观对策是？

宣传栏、广告、电缆地下埋设设施、色彩规划，四种方式协调搭配。

目的是营造生动的景观
（围绕、水、绿、食物、生物）

手段是景观设计技术

人类生存环境 重力

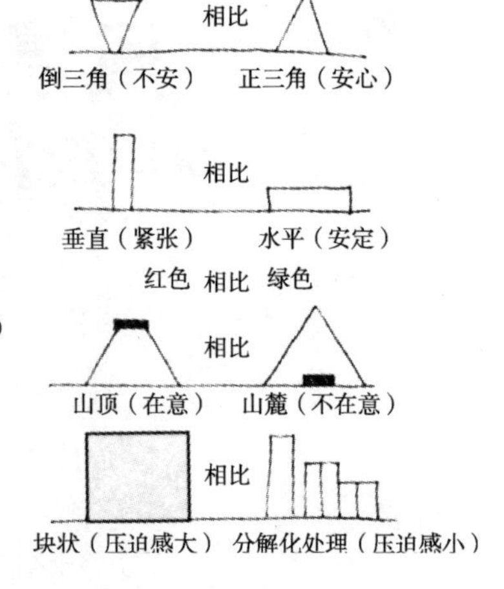

自治体（日本行政制度的一种）的景观条例有上百条，但因没有母法宪法的相关规范，约束力很弱；日本社会逐渐认识到景观规划的重要性后，在2004年出台了《景观法》。从法律上对景观的关注增加是好事，但随便某个人对宣传栏、广告、电缆埋设设施、色彩搭配都可以提出异议，这也是政策的问题之一。

实际上这种说法或许说明了景观政策的失败，因为社会是由不同想法和不同生活方式生活的人群构成的，这也是考虑景观政策的前提。

为此，我把风景设计分为浅显易懂的三个阶段来介绍。

①景观论；②风景论；③风景设计论。

①主要是视觉上的分析；②是文学方面的综合；③是市民参加的运动论。

首先，我们先理解一下“景观论”，而景观论共通的原则是“好城市、好风景”的原则。有关“景观的常识”我想通过三条原则来介绍。

第一、安全、安心的原则。

“景观”是指映入眼帘的环境，也就是“视觉环境”。无论是谁的眼睛看到的颜色、形状及大小都是一样的，我把这种共通的看法作为“景观论”来说明。

“景观”的第一种存在方式就是对有生命的人类的生存或是起到保障的作用，或是起到阻碍的作用。从环境的角度来看，正三角形比倒三角形、水平比垂直、建筑物建在山腰比建在山顶，同样体量的物体在不同的场所被看到的效果不同，而相对稳定的视觉效果会给人带来安全、安心、安定的心理感受。

第二、关系的原则。

景观及风景设计的特征也可以用“关系的设计”来解释，就是人们常说的“地”与“图”的关系。如人们往往会关注非常显眼的景观，即“图”，而往往忽略其背景所在的“地”。而二者的平衡是非常重要

景观论②

关系的原则
地与图
点景与背景
江户日本
桥与富士
借景与贷景
桥与川

海岸边的芦苇篱
树林内的小木屋
水边的垂柳
山顶的红松
桥头的大树

特色：第一条原则要看其是否符合当地的风景，其形、其色不可能适合任何地方的景观

的，如果一味地把“图”扩大化会产生非常不好的效果，会让人觉得有点“不知害臊”和夸张的感觉。

现在流行的设计师多是“图”本位的思考方式。如视觉传媒的设计师在设计车站的站牌、宣传展板或橱窗时往往考虑的是如何使其显眼，但如果一味地追求“图”的扩大化就会降低设计的品位。试想在一片郁郁葱葱的绿色背景下，朱红色的鸟居及社殿作为点景该成为多美和多让人安心的景观啊。反之，若过分地夸大“图”而忽略“地”会让人有不安的感觉产生。正是由于森林大量的绿色衬托了鸟居精巧的朱红，才构成了一种和谐之美。

最近常常听到神社贩卖土地的新闻，森林消失了，剩下只有社殿的神社，这是非常不好的现象。希望相关部门能够重视“地”（背景）与“图”（点景）的关系，恢复大自然的这种平衡。

另外，我想呼吁大家要重视场地的特性。人们往往在高喊要尊重自然的同时，把建造小木屋、山间别墅变成理所当然的事情不是有些可笑吗？说什么要体验自然就一定沿着海岸线，那些湿度很大的地方建造度假别墅和海边之家不是也很滑稽么？虽然山上的高原及干燥的地方也适合建造别墅，但是观海景的话还是要建海之家最为合适吧，这就是我想要说的“特性”。

垂柳适合水边、黑松适合海岸、红松适合山顶、桧柏适合斜面、杉树适合谷边等，我想要说的是，“风景设计”就如生产设计一样，没有绝对的好设计与坏设计之分，如前文中我所提到的风景设计就是一种关系的设计。在风景设计中，没有适合各种场所的形状与色彩，只有适合“这个”场所的形状与色彩。

第三、多样而统一的原则。

既协调又富于变化的景观设计原则就是“明快”。如建筑物的形状、色彩、高度、材料、尺寸及比率等，只要满足其中一点，其他的则可自由搭配。在此

景观论③

多样而统一的原则

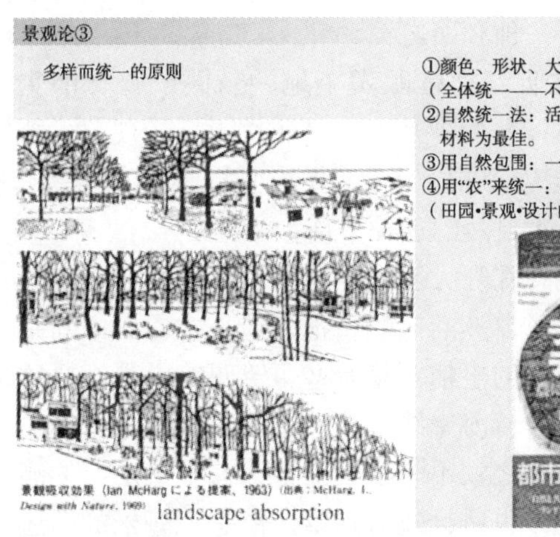

景観吸収効果（Ian McHargによる提案、1963）（出典：McHarg, I., *Design with Nature*, 1969）
landscape absorption

①颜色、形状、大小的其中一项要统一。（全体统一——不同于巴洛克）
②自然统一法：活用当地材料、自然材料为最佳。
③用自然包围：一绿遮百丑。
④用“农”来统一：百姓的设计（田园•景观•设计的手法）

之前，我想说的是可以活用绿色，这是因为“多样而统一”的手法谁都可以使用，也就是被自然（绿色）包围的感觉。当建筑物的形式不统一时，事先要做的就是进行植物种植或是庭园建设。不论是绿化还是造庭，哪怕只是列植一些树木，就会形成统一感，简单一句话就是“一绿遮百丑”，这也是我的提案。

重要的就是进行大量绿化，这样哪怕是难看的广告牌或设计不良的家也会多少变得美观一些，所以请务必使用绿色。

另外，我在《田园 · 景观 · 设计的手法》（学艺

爱媛县内子町的乡村风景中的家桥 / 美丽百姓的设计

出版社，1994）一书中作了提案。rural 是指田园、田舍，landscape 是指风景、景观。也就是“以前农民们设计的风景，百姓的景观”。请大家边欣赏上面这幅照片边体会百姓的设计与所在的场所有多和谐有多美！我曾在爱媛县内子町提倡“村景保全”运动，在石叠地区的下游保留着农民们亲手做的“家桥”。为了防腐而加了檐的木桥与石铺小路都使用了当地产的材料，与周边的大自然浑然一体、非常和谐。

另外，农民们亲手打造的石垒墙、防风林、树林及农业用水也与自然融为一体，既实用又美观。但是，伴随着人类进步和文明化进展，全日本都变得开始嫌弃祖先们留下的古老的东西，说什么这些东西太旧了、太不好了、太没用了等，并要把这些宝贵的东西全部扔掉、废弃掉。如存在的好好的篱笆因为修剪困难就要用混凝土的墙壁代替，这真是在摧残珍贵的财宝，令人痛心！

原本人类与大自然共生中孕育出的东西就是最珍贵的，这也是老祖宗们留给我们的财富，我们理当珍惜才是。所以，我非常希望大家能够尊重农民们的设计。

总结以上内容，风景设计中非常重要的是“多样性”与“统一性”的平衡。如果仅有“多样性”会显得杂乱，仅有“统一性”又显得呆板，因此，二者的平衡就尤为重要。

步行方式与景观·身体与景观

城市内部问题的解决方式就是创建可以进行悠闲散步的城市。今后，无论是中心城市还是高福利的城市建设，都一定要把可散步的城市作为城市建设的重要目标之一。我认为建设“悠闲散步城市”是最重要的基础，要强调的就是“悠闲漫步”。

漫步也被称为“休闲散步”（leisure-walk），是一种边观赏路边风景边散步的一种方式。根据对步行速度和环境关系的调查，可知道环境的好与坏。如果开车快速穿过的话，城市的好与坏可能没有那么明显，

景观论④

步行方式与景观

步行速度
漫步：0.8m/s以下
边赏景边步行：0.8~1.2m/s
有节奏地步行：1.2~1.7m/s
超过以上步行速度的可称为“小跑”

身体运动与景观

静夜思

李白

床前明月光，
疑是地上霜。
举头望山月，
低头思故乡。

慢食
慢生活
慢城市建设
从今往后是“慢”时代

能感受到自然美的是人的内心（感性）。
感性：对事物价值的感受和判断能力。

然而若是慢慢闲逛的话，城市就必须要在铺装、建筑、植物的选择及种植方法等各个细节方面下工夫，否则会令步行者感到无趣。而想要让行人感受到城市的美好，必须要拿出“细处可宿神”（细节做得好可留住神仙）的认真态度来对待。

下面，我想说明一下身体的动作变化与所见景观的关系。我们先来读一下李白的“静夜思”：“床前明月光，疑是地上霜，举头望山月，低头思故乡。”人是有心的，所以在移动身体的同时不仅仅是视觉产生的变化，而是心境也随之改变。这种心境与思想上的

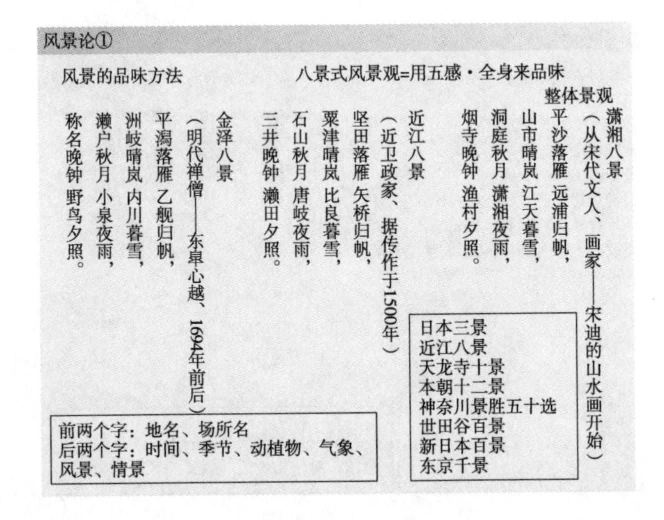

变化是猫与狗所不能的，只有人类才具有这种想象力、思考力与情感力。因此，景观的深度也在于其不是仅停留在视觉上那么简单。

风景的品味方法・八景式风景观

下面谈一下风景论。作为风景的品味方法，有三景、八景、十景、百景之说。如有日本三景、近江八景和金泽八景、西湖十景等，我称之为“八景式风景观”，并认为这已成为“东方文化”。也就是人们运用五感与教养，深层次品味风景的方法。

而这种品景方法的原形是在中国，最早有潇湘八景。日本琵琶湖的近江八景“粟津晴岚，矢桥归帆，濑田夕照，石山秋月，唐岐夜雨，三井晚钟，坚田落雁，比良暮雪”就是效仿潇湘八景而来。

其意境也是妙不可言。如有一种非常好看的松树叫作“唐岐之松”，而雨打松树的情景就如一幅画，更似一首诗，于是就有了“唐岐夜雨”。

“濑田夕照”是指在宇治川上架起的濑田唐桥眺望的夕照景色为最佳之意。虽然随处可见夕阳景色，然而“濑田夕照”的美景是第一位的。

而“三井晚钟”是指三井寺的钟声“空——”地敲响时，会让人体味到一种深沉的声音之美（soundscape）。

那么，这八景均由四字组成，前两字是由地名、寺名及山名等组成，揭示了风景所在的场所；而后两字则是气象、季节、时间、生物、人事、声音等由五感体验而描述的情景。

这种品味风景的方法应该在全国各地随处都可以体验，因为山林寺庙随处可见，月出雨落也是常事。然而，正因为天天发生、随处可得，我们才把它们当作了理所当然的事情而不去珍惜。同样的风景之下，生活在江户时代的古人们更加富于感性，而我们现代人则逐渐丧失了这些。

修建了地下街的现代人也许没有闲暇来品味夜雨带来的浪漫，而我却非常希望活在现代的人们也能在百忙中抽出点时间去品味一下夜雨或秋月。

以前，我曾作出寻找“世田谷百景”的提案，并在世田谷的城市设计室长田中勇辅先生的努力下获得了九万张投票，成功地举办了“我们城市的风景发现”活动。通过选择“世田谷百景”，让市民们重新审视自己所居住的城市，并发现故乡的特色之美。

风景的解剖

风景是由地质、地形、水系、植被、地理、历史、气候等多种因素重叠而成，而其中的水系、植被、地形等条件不可能在同一场所存在。即使是相同的植被，在不同的地形条件下也会呈现出不同的面貌，因此可以说风景是没有完全相同的。

与全国随处可见的一样的道路与建筑相比，独一无二的风景具有价值；大自然所孕育的土地各不相同，各不相同的土地孕育的独到风景也别具价值。

“白砂青松”被喻为日本风景的代名词，是一幅白色的砂土地上青色松林延展开来的风景。但是准确地说，这是一幅属于濑户内海的风景，是由于中国地区（日本的地域名称）山地的地质为花岗岩，风化后呈现出一片白茫茫的景观。

风景论②

风景的解剖

气候 Climate ex.山阳、山阴、亚洲的
历史 History ex.邑、字、人文景观
地理 Geography ex. 山地、平地、建筑景观
植被 Vegetation ex.光叶树林、武藏野
水系 Water System ex. 谷川、野川、人工河川景观
地形 Topography ex. ○○台、○○丘、人工建设景观
地质 Geology ex. 白砂青松

舒适：正确的事物存在于正确的地方
Amenity the right thing in the right place

风景+时间（历史+气候）=风土

Aging之美/Weathered
沧桑=时间经过的过程
事物的本质会随着时间的推移而逐渐显露出来
树的生命力 → 根的顽强
石头中的铁分→ 鞍马石的锈感

以“景观十年、风景百年、风土千年”为目标而努力

而远州滩和相模滩的风景却不是白砂。砂的颜色偏黑色，或许可称之为“黑砂青松”。

我们往往可以通过地名来了解地形，如“樱丘”、“希望丘”是山冈地形；“学园台”、“左鸣台”是台地。台和冈都是由于以前没有产出水稻，所以土地的价格也很便宜。有朝一日，这些地方被开发成住宅后，因为日照好、眺望景观优良，土地的价格也随之上涨。台和丘都很适合用于城市的土地开发中，因为这些地方可以营造绿色和眺望的优良景观。为此，有些开发商利用人们的想象，把池沼填埋后的土地也起

名为“某某台”，这样就能卖得较好。而在农业土地利用方面，低地则较为优越。因为用水方便，对水利非常有利。

风景会随着植被的不同而有所变化。武藏野的具有代表性的风景是杂木林；而浜松的代表风景不会是松之浜吧？在强风的沙地中种上松苗，进而培育成防沙林。因为松树是贫养性的植物，在土地不是很肥沃的地方也可以生长。特别是黑松，既可耐海风也可耐风雪，松的品格被人类形容为一种“耐风雪的力量”。风景有时是用眼睛看的，有时也是用脑子来思考的，这是风景论中的一个要点。

下面讲的河川也是一样的道理。河川有很多种：沿着溪谷的岩场流淌的是谷川；沿着田园地带的堤坝流淌的是野川；而流淌于城市高楼之间的城市河川可能最为痛苦吧。总之，我希望能够把彰显每个地域不同面貌的风景的“特色”及“地域性”保存好、培育好，把自己所在的地域性特征发掘出来，从而创造富有变化和魅力的地域风景。

岁月之美

在风景论中另一个请大家记住的要素就是“时间的重要性”。时间是指历史及历史沉淀下来的东西。在景观的世界里，不仅有空间美，更有时间之美。

有一句话叫做“景观十年、风景百年、风土千年”。也就是说景观可用十年来打造，但使其成为风景却需要上百年。传统的日本是一个挖掘时间的宝贵价值的民族，而把新鲜事物判断为好事物的仅是近年来的日本人。

例如庭园中的石灯笼，并不是因为卖不出去它才长满青苔。正因为这些青苔要经过长年的风吹雨打、日月轮回才渐渐生出，进而显示出一种带有岁月沧桑的“闲寂”之美，发人遐想、引人深思；反之，那种磨得光闪闪的石灯笼在我眼里是没有任何价值可言的。

与米洛斯的维纳斯一样，石灯笼的造型是按照黄金分割的比例来制作的，实在可算上是石造工艺品。石灯笼的杆幅为 1，灯袋为$\sqrt{2}$，各部分均由无理数构成。然而我想强调的不是仅去欣赏它的造型美，而是想要大家去玩味它那种历经风雪、饱含沧桑、长满青苔，甚至有些残缺的美，那一定是超过了五十年甚至上百年才能酿就的味道。

正是因为石灯笼的“闲寂”成就了它的价值，才能让人们感受到经历的岁月流逝的滋味。而日语中的“さび”所表达的也正是经过时间的洗礼，树木或石头所露出的本质的模样。拿海边的黑松作例子来看，刚刚种上的幼松虽然挺拔，却让人领略不到年长松树那种粗大的根系伸向大地的沧桑美。

年长的朋友，是在人世间经历了六七十年的岁月流逝，这几十年的时间孕育了一种美：是年轮的美，是历史与经验蓄积而成的一种安定的美，请大家一定要对自己的美有信心。我把这种时间与岁月所积累与沉淀下来的美称作“岁月之美”。也就是日语中“わび、さび”中的“さび”所描述的美。

在英国，这种美叫作“weathered 之美”，是指天气中夹杂着自然的味道与风情。也就是饱经风霜、从古至今一直在那里自然地存在着的一种令人轻松的美。

现代人把闪闪发光、夺人眼球的东西视为美，然而我想说的却相反，“晦涩”也是一种美，那是一种浸染于当地的环境与风土、与大自然混为一体的自然美。

建设具有“地域性特征”的城市

这里要讲的是“风景设计论”，也就是好的环境的设计方法。首先，我从五个方面介绍会成为确认要点的思考方法。

P（Physical）：安全而便利的城市

V（Visual）：美丽的城市

E（Ecological）：自然的生态的城市

S（Social）：具有地域特色、富有时代感的城市

M（Mental）：让人感受到历史与故乡味道的城市

P.V.E.S.M 是确认城市环境设计的好与坏的五个要点。P（是否有实用性和相应的功能），V（是否美的），E（生物能否生存），S（是否有地域特色、时代特色），M（是否让人感受到历史与故乡的滋味，是否有原风景性与精神性）。如果一个城市具备上述五点的要求，那么这座城市一定是非常舒适的、宜居的城市。

希望大家在从事今后的城市环境设计时，能够想到这五个要点（PVESM）。我们不仅仅要考虑安全的、结实的物质层面的东西，更要考虑令人怀念的、引人深思的精神层面的东西。只有两者达到平衡，我们才能说一座城市有了好的环境、好的风景和舒适的环境质量。

如在爱知县的陶器产地、出产土管和瓮的常滑市，活用当地生产的陶器材料，创造出独特的、具有地方特色的景观；为了展现多摩川流域的地域性，世田谷区住宅的外立面，利用从前传承下来的品川上流沿岸的多摩川垒石，与住宅周边的环境形成和谐统一的效果。即便是新建的大型建筑物，配合人的视线高

风景设计论①

地域特色：利用地域自产材料（爱知县常滑）

风景设计论②

地域特色：利用地域现有材料/与周边统一（世田谷千岁大道）

活用地方材料（多摩川石材）的垒石风景（上端为土垒下端为石墙），景观质感完全不同

风景设计论③

地域特色：活用地域现有材料/静冈县（三岛熔岩）

菰 池 公 园

三岛市源兵卫川 利用地场材料——熔岩

度，使用地方出产的多摩川石来做景墙，也能营造出令人怀念和安心的地域性特征非常强的景观。

地方出产的材料由于是当地开采出来的，因此颜色及风景与那个地方十分和谐。同样使用多摩川的垒石，上面是堤坝木还是石墙垒，效果一定是不一样的。设计及营造景观时一定要注意这些细节。

请大家来看一下由我提案、有效地活用地方材料来建设的静冈县三岛市的景观案例。在三岛市的菰池公园，由当地出产的三岛熔岩中的黑石做出了园池的护岸；在源兵卫川，利用加入熔岩的石块做出了水中步道，景观效果都不错。

世界著名景观范例

杭州西湖是中国著名的风景胜地，而西湖十景则更负盛名。

闻名遐迩的西湖每年都能迎来约2500万来自世界各地的观光客。通过对西湖及其十景的研究发现，西湖最初是为了解决洪水问题，进而解决交通问题、绿化问题、内水渔业问题、景观问题等一系列问题而发展至今。营建当初是为了公共事业的治水问题得到解决，为了确保湖深而挖湖，又用挖出的土来建造湖中的堤坝，名为“白堤”、“苏堤”，相传这是因为时任杭州长官的是白乐天和苏东坡。在堤的两侧种植

风景设计论④
规划的步骤：多层面考虑/中国杭州西湖
西湖十景成立的步骤
1. 洪水对策=筑堤
2. 交通对策=修建连接两岸的堤坝
3. 内水面渔业对策=架起拱形桥确保船只通过
4. 绿化对策=列植杨柳
5. 景观对策=通过造景、修景来营造题诗作画的名胜
作为景观建筑把院及塔当作十景的节点
6. 成为日本各地的名园、名所纷纷效仿的对象（广岛缩景园、福冈大濠公园等）

西湖全景（出典："西湖十景（明清版画）"上海人民美术出版社，1977）

苏堤春晓 断桥残雪
三潭印月 南屏晚钟
雷峰夕照 曲院风荷
柳浪闻莺 花港观鱼
平湖秋月 双峰插云

风景设计论⑤　风景建设的技与心

风景建设方面的注意要点

1. 充分利用立地、地形、规划地的条件
2. 让周围的建筑物及栅栏等景观变得整齐
3. 使用当地材料、自然材料
4. 恢复生物环境及生态环境
5. 保护农林业、历史文化等地域环境，以建设地方特色为目标

风景建设之用心方面 景观教育、启发的必要性

庭园无得失 有得失的是人心
（梦窗国师）
全观连的标语（1947年）
我的家也是一道风景

城市美协会标语（1925年）
观好、住好、感觉好
城市的美丑反映市民的心

了杨柳，湖上还架起了座座拱桥。风景无限美好的西湖，常常会有画家到这里作画、诗人来这里赋诗，有些画集和诗集还传到了日本，在大名庭园中可看到几处被模仿再现的西湖堤，大名庭园也因此成了景观的样本。相比之下，日本的公共事业却是缺少这种连贯的规划，道路、桥梁、公园、河川都互不关联、独立改造，若能像西湖那样进行整体规划，应该也会成为世界闻名的观光胜地。

作为风景规划的要点，土地的“场所性”要被活用，哪怕是周边的建筑物或围栏统一也好。使用当地材料、自然材料，为生物营造良好的生存环境也十分

重要。另外，土地的历史、农林业等地域环境的保全、建设具有地域特色的景观也十分重要。

以上，我列举了五点通俗易懂的“风景规划注意事项”，请大家务必考虑这些方面。

记得有一条城市标语这样写道“我的家也是一道风景”，大家千万不要以为是自己的家就可以随便设计，那是缺乏公益心的表现。它也是城市风景的一部分。

还有一条标语叫作“城市的美丑反映市民的心”。也就是说一个城市是美好的还是丑陋的，直接反映了居住其中的市民们的心。人们的生活态度、生活方式可以把城市变得美好，也可以使之变得丑陋。这是昭和初期，东京城市美协会向广大市民征集的标语。

生存方式表露于外，可以比喻人的美丑。

人的美丑会随着岁月与经历而改变，年头久了就与父母当初所给的脸孔没有太大关系了。所以，脸孔是自己的生活态度与生活方式的表现，是自己塑造的结果。若内心美好的话，脸孔一定漂亮；若干劲十足的话，脸孔一定自信；若自私自利、欲望横流的话，脸孔一定丑陋。

人、人们居住的场所、它们所汇集的城市的风景也是一样。

当一切向“钱”看的时候，能否想一想优良的环境、自然、历史与文化呢?

当然，我相信包括对经济感兴趣的人在内都不会否定历史、文化与自然。就是在心目中的顺序问题，他们一定会把金钱放在第一位的，而把文化与景观放在“其次”的位置上，而且持有这种想法的人还不在少数。

我认为，我们差不多该进入“仓廪实而知礼节”的时代了。既然不愁吃穿，我们是否该关注一下礼节。正确的礼仪表达是“amenities”。关心我们生存的环境是否舒适、优美，心情好不好、生活中有哪些乐趣等方面，让生存体现价值，才是真正美好的生活，而不仅仅是活着。

著名的造园家梦窗国师曾经说过“庭园没有得失，有得失的是人心”。既然问题多出自于心，我也曾反省自己，总是以繁忙为借口，几乎忘了去品味身边的花香、夜雨与秋月。工作之余的确应该偶尔停下脚步品味生活。

我们的国家其实有着美好的自然、悠久的历史、多彩的风景，让我们唤起生活的情趣，不要辜负了这些宝贵的资源。

后　记

我在学生时代与学长锄柄一儿先生相识，一起参与了以川崎市川崎区的渡田新町公园为舞台的“蓝天儿童会”组织的福利与绿化活动，也就是现在所说的义工活动。

我在做大学助教时，同时兼任东京义工中心的运营委员，完成了《义工时代的绿色城市建设》。有人说过：“在介绍新鲜事物的时候，总是要面对负责人的不安、处长的担心、科长的质疑、同僚的不理解，而不攻克这四大难关是无法前行的。”他的话我非常认同。

虽然当今社会积极呼吁“协作、合作”，但是真正理解其中含义并付出行动却是很艰难的事情。对于任何一位想介绍新鲜事物的人来说都要考虑再三，而只要攻克上面四项就能获得巨大的成功。我们要把别人的成功经验实践在自己身上，并把这种成功的体验与大家共享。

21 世纪是环境的世纪，我呼吁大家为了环境而努力，并以此为主题提倡义工时代的生存方式（Life Style）。在做这件事情的过程中，我也改变了以往的人生观，并对未来的人生充满了憧憬与希望。

我任东京农业大学校长期间，申请了“环境学生”的登录商标，获取了ISO14001的认证，并在学生中广泛地开展各种与保护环境相关的竞赛；东京农大的学生们在义工活动及多摩川地域开展的“现代GP”（文科省）活动中都表现出积极认真的态度；我也曾向政府提出“贯彻实行儿童时代就要进行自然体验、农业体验”的倡议。

本书所提到的绿色、自然、环境、农业、生物及人类、生命、城市、生活……以及“绿色的城市建设”、“环境共生城市”、“景观城市建设”及“绿地生活”现状等也都是与之相关联的内容。

另外书稿中记录了与本书内容的主题思想一致的浜松市举办的演讲会记录，并加配了大量文字和插图。此外，我的学生——市绿化负责人中村浩一君为我整理了草稿，也正因为此，我才有了出版该书的想法。

除了中村君外，我还要感谢为此书的出版作出贡献的青木泉小姐，铃木诚、服部勉先生，以及东京农大出版会的神山松夫、古谷勇治等先生。

迄今为止，我秉承造园界老前辈井下清、上原敬二、江山正美、前岛康彦等先生的信念，接受了来自八方的厚爱与友谊，如河川工学研究领域的高桥裕、城市论研究领域的上田笃、城市规划研究领域的伊藤滋、景观工学研究领域的中村良夫先生；其他领域的包括设计学会的高山正喜久、生活学会的川添登、自治体学会的田村明先生；还有来自国家、地方政府部门的相关人员，如畦仓实、原刚、冈岛成行、西山英胜等记者朋友；更有无以数计的市民活动家等。当然我还不得不对我所在的东京农业大学的以松田藤四郎理事长为首的教职员工、各位校友、绿友会、迁马车会会员们的热情支援表示感谢。

就是在以上各方朋友的支持下，我在平成十九年（2007 年）的秋天荣获了“紫绶褒章”的奖励。学术界共有 10 位同仁获此殊荣，而令我无比高兴的是对于“造园学研究”的业绩能够得到如此肯定的结果。作为“绶章理由”，我得到如此评价：“在造园学的领域内，有关日本庭园的特质的研究，从历史的角度在研究庭园史的同时还有独创的研究方法，从这两个方面进行了综合的研究，对于环境规划和风景设计领域有着极强的实用价值。另外，通过社会活动达到人与自然的共生、对于推进循环型的社会和对该学科领域的发展都做出了杰出的贡献。”

本书虽然没有书写该方面的业绩，但是此次获奖理由之一就是我作为提出共生循环社会的理念造园家之一，向广大国民发出了有意义的讯息。希望广大读者，以造园学的发祥——绿色的城市建设、建设具有地域特色的城市为出发点，能够用心体会到其中深意，我将不胜欣慰。

作者简介

进士五十八

东京农业大学教授/前校长、农学博士，致力于“造园学·环境规划·景观政策”等方面研究

【简　历】

1944年出生于京都市，成长于鲭江、木场，毕业于东京农业大学农学部造园科。1987年成为东京农业大学教授；任农学部部长、地域环境科学部部长后，于1999~2005年连任东京农业大学校长。迄今为止，担任过（社）日本造园学会会长、（社）日本都市计划学会会长、东南亚国际农学会会长、实践综合农学会副会长、日本休闲学会常任理事。历任政府的观光政策、北海道开发、城市规划中央·道路·河川·大学设置审议专门部会·社整审议会、中央防灾会议等专门委员，国土审特别委员、朝日新闻社森林文化奖委员、每日新闻社可持续社会创造委员会委员、东京都景观审议会副会长。参与录制NHK教育TV视点论点等节目。

【现　在】

日本学术会议会员（环境学会委员长）、日本野

外教育学会长、日本生活学会长、自治体学会代表运营委员、政府的自然再生专家会议委员、社会资本整备审议会临时委员、田园自然再生竞赛审查委员长等。名古屋市绿的审议会会长、川崎市环境审议会会长、三鹰市城市建设委员会委员长、新宿区景观城市建设审议会会长、横滨市环境创造审议会副会长、世田谷区教育委员。NPO 法人美好国家建设协会理事长、(财)日本绿化中心理事、(财)花艺安达流理事、NPO 法人日本园艺福祉普及协会理事长、NPO 法人绿色的手指理事长、NPO 法人社业学会副理事长、读卖新闻社日本水大奖委员会委员等。

【获奖等】

国立公园协会田村奖、日本造园学会奖、Golden Fortune 表彰、土木学会景观设计奖、日本农学奖、读卖农学奖、日本公园绿地协会北村奖、大日本农会红白绶有功章、紫绶褒章等。

【著　书】

单著:《日本的庭园——造景的技与心》(中公新书)、《“农”的时代·缓慢的城市建设》(学艺出版社)、《舒适的设计·真正的环境设计》(学艺出版社)、《城市中为何需要农地》(实教出版)、《城市、绿与农·“农”将担负起地球的未来》(东京农大出版会)、《开创景观设计的人们》(Process Architecture)、《日本庭园的特质·样式·空间·景观》(东京农大出版会)、《从绿色获得的发想·乡土设计论》(思考社)、《绿色的城市建设学》(学艺出版社)等。

编著 /《风景设计·感性与义工时代的城市建设》(学艺出版社)、《环境市民与城市建设》全三卷(行政)、《自然环境复原的技术》(朝仓书店)、《让我们开始生物绿地生活吧·环境 NPO 管理入门》(风土社)、《造园用语辞典》(彰国社)、《解读造园》(彰国社)、《新作庭记·国土与风景建设的思想与方法》(丸茂出版)、《风景考·为了市民的风景读本》(丸茂出版)、《庭园之鸟·花园岛下蒲刈》(丸茂出版)、《地域环境科学概论》(Ⅰ·Ⅱ,理工图书)等。